Ubuntu Linux
操作系统标准教程

实战微课版 　　钱慎一　　王治国◎编著

清华大学出版社

北 京

内 容 简 介

本书以使用面较广的Linux发行版——Ubuntu为平台，采用22.04 LTS版本，通过翔实的内容、简练的语言、丰富的案例，逐一对Linux操作系统的基础知识和标准操作进行讲解。

全书共8章，从Linux的历史开始，通过介绍GNOME图形界面的基础操作、软件的使用、终端窗口的各种操作，让读者对Linux和用户界面有全面的了解。通过文件系统管理、用户与权限管理、存储介质管理、网络服务管理，让读者全面掌握Linux操作系统的管理和使用操作。通过安全管理，让读者了解Linux进程、系统监控、杀毒工具的使用以及防火墙的使用，帮助用户更好地管理Linux，使系统更加安全。系统地学习本书内容，读者不仅会对Ubuntu有全面了解，还可以应用到其他的Linux版本中。

本书图文并茂，结构清晰，非常适合Linux从业者、开发人员、编程人员、系统工程师、网络工程师、网络运维人员、软硬件工程师等阅读使用，也非常适合作为高等院校相关专业的教学用书。

图书在版编目（CIP）数据

Ubuntu Linux操作系统标准教程：实战微课版 / 钱慎一，王治国编著. —北京：清华大学出版社，2023.6（2025.4 重印）

（清华电脑学堂）

ISBN 978-7-302-63705-9

Ⅰ. ①U⋯　Ⅱ. ①钱⋯　②王⋯　Ⅲ. ①Linux操作系统－教材　Ⅳ. ①TP316.89

中国国家版本馆CIP数据核字（2023）第102187号

责任编辑：袁金敏
封面设计：杨玉兰
责任校对：胡伟民
责任印制：刘海龙

出版发行：清华大学出版社
　　　　　网　　　址：https://www.tup.com.cn，https://www.wqxuetang.com
　　　　　地　　　址：北京清华大学学研大厦A座　　　　邮　　编：100084
　　　　　社 总 机：010-83470000　　　　邮　　购：010-62786544
　　　　　投稿与读者服务：010-62776969，c-service@tup.tsinghua.edu.cn
　　　　　质 量 反 馈：010-62772015，zhiliang@tup.tsinghua.edu.cn
　　　　　课 件 下 载：https://www.tup.com.cn，010-83470236
印 装 者：小森印刷霸州有限公司
经　　销：全国新华书店
开　　本：170mm×240mm　　　印　　张：16　　　字　　数：375千字
版　　次：2023年7月第1版　　　印　　次：2025年4月第4次印刷
定　　价：59.80元

产品编号：100649-02

前　言

▌编写目的

　　目前，Windows占据了桌面操作系统的大部分市场份额，而在服务器操作系统中，Linux的使用更为广泛。凭借开源、免费、良好的安全性和高效率，Linux在服务器、工作站等设备上被广泛使用。而不断完善的Linux生态环境，使其更加灵活、易用，并被更多使用者认可，在桌面级市场中的占有率也逐年增高。

　　Linux的发行版非常多，其中较为突出的版本就包括Ubuntu。Ubuntu的应用软件非常多，操作也符合新手用户的习惯，所以在短短几年时间里便迅速成长为从Linux初学者到实验室用计算机/服务器都适用的平台。本书以22.04 LTS为基础进行介绍，使读者在Ubuntu中了解Linux，学习Linux，最终应用到日常的生活和工作中。

▌本书特色

　　本书以Linux的实际应用为出发点，本着活学活用的指导思想，将使用中所需的各种知识、遇到的各种问题进行归纳总结，并以案例的形式展现给读者。除了正常的知识介绍外，还穿插"知识拓展"来开阔读者的眼界；通过"注意事项"来规避一些使用中的误区。本书的主要特点如下。

1. 全面系统

　　本书将Linux学习的知识点和步骤进行科学的归纳和总结，全面翔实地呈现在读者面前。通过本书的学习，读者可以快速掌握Linux的主要思想、基本操作和使用方法，在此基础上可以根据需要进行更加专业的技能学习。

2. 贴近实际

　　结合最新的系统和使用，加入最新的系统知识，让读者可以做得出、用得到，与最新的科技应用紧密联系。

3. 理论与操作结合

　　本书在抽象的概念和实际操作之间架起桥梁，将晦涩的理论融会于操作中，通过案例的形式呈现给读者。读者通过案例的操作，不仅能掌握该知识点，而且能具备实际应用的能力。

4. 针对性强

　　针对不同的读者群体，在保证初学者易上手的前提下，增加大量图形界面的操作介绍，并在其中增加很多技巧性的操作，让有一定基础的读者可以查漏补缺，使知识的储备更加全面。

▍内容概述

全书共8章，主要内容如下。

章 序	内 容 概 述
第1章	主要介绍Linux的出现、UNIX简介、自由软件、GNU计划、Linux的特点与应用领域、内核与组成、常见的发行版及特点、Linux的版本号、Ubuntu的特点、Ubuntu的版本、Ubuntu的下载、安装介质的制作、虚拟机的使用、安装步骤等
第2、3章	主要介绍X窗口、GNOME桌面环境、系统的启动与退出、Ubuntu图形界面的布局、个性化设置、常见系统设置、系统软件的分类使用、远程连接管理的方法、终端窗口的历史、Shell环境、终端窗口的常见操作、命令的格式、帮助的获取、Tab键的用法、重启及开关机、下载软件、安装软件、更新、卸载的方法和步骤等
第4~7章	主要介绍文件系统、Linux文件系统及目录结构、目录的常见操作、文件命名规则、文件的类型、文件的管理、文件的编辑、文件的压缩与归档、文件的重定向、用户的定义与分类、用户组的定义、用户与用户组管理、文件及目录的权限管理，硬盘的分类、命名、信息的查看、分区与格式化、挂载与卸载、U盘和镜像的使用，网络信息的查看、网络参数的配置、常见网络服务的搭建等
第8章	主要介绍Linux进程、优先级的调整、挂起与激活、系统及资源的监控、计划任务的管理、杀毒工具的安装及使用、防火墙的规则设置、系统日志的查看等

▍适用群体

- Linux工程师、Linux系统工程师、Linux开发人员、Linux网站站长。
- 网络工程师、网络及设备运维人员、网络服务器管理者。
- 系统管理员、编程人员、软硬件工程师、嵌入式设备使用及开发人员。
- Linux爱好者、知识博主、版权意识较高的用户。
- 高等院校相关专业学生。

本书由钱慎一、王治国编著，在编写过程中得到了郑州轻工业大学教务处的大力支持，对此表示衷心的感谢。作者在编写过程中力求严谨细致，但由于时间与精力有限，疏漏之处在所难免，望广大读者批评指正。

编　者

2023年1月

目 录

认识Linux操作系统

图形界面基础

终端窗口的使用

第3章

文件系统管理

第4章

第5章

用户与权限管理

存储介质管理

网络服务管理

安全管理

附录A

第 1 章

认识Linux操作系统

Linux是一种开源操作系统，任何人都可以获得源代码，并且可以对其进行修改。由于该系统强大的稳定性、安全性以及较低的使用成本，Linux的市场占有率一直在增长，目前已经占据了全球操作系统市场的一半以上，广泛应用于服务器、嵌入式系统以及智能手机领域。本章将带领读者进入Linux的大门，了解什么是Linux系统。

重点难点

- Linux概述
- Linux的组成
- Ubuntu简介
- Ubuntu的安装

Linux，全称GNU/Linux，是一套免费使用和自由传播的类UNIX操作系统，是一个基于POSIX的多用户、多任务、支持多线程和多CPU的操作系统。

20世纪80年代，随着计算机性能的提升，个人计算机市场的扩大，计算机科学领域急需一种更加完善、强大、廉价和完全开放的操作系统。Linux于1991年写出了属于自己的Linux操作系统，是Linux时代开始的标志。时至今日，以Linux内核为基础，超过300个发行版被开发，最普遍使用的发行版有大约十多个。较为知名的有Debian、Ubuntu、Fedora、Red Hat Enterprise Linux、Arch Linux和OpenSUSE等，并与UNIX、类UNIX、Windows等，共同组成庞大又异彩纷呈的操作系统家族，如图1-1所示。

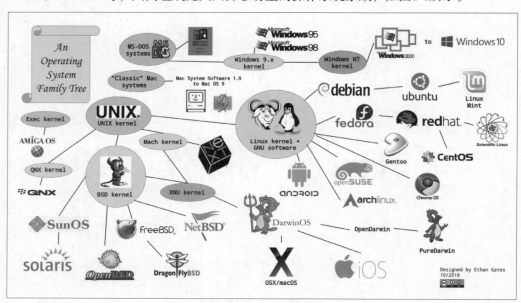

图 1-1

1.1.1 Linux与UNIX

Linux操作系统的诞生、发展和成长过程始终依赖五个重要支柱：UNIX操作系统、Minux操作系统、GNU计划、POSIX标准和Internet网络。其中，UNIX扮演了极其重要的角色。

UNIX系统是一个强大的多用户、多任务操作系统，支持多种处理器架构，属于分时操作系统，最早由肯·汤普逊、丹尼斯·里奇于1969年在AT&T的贝尔实验室开发。直到现在，只有符合单一UNIX规范的UNIX系统才能使用UNIX这个名称，否则只能称为类UNIX系统。

UNIX在学术机构和大型企业中得到了广泛应用，除了作为网络操作系统外，还可以作为单机操作系统使用。UNIX作为一种开发平台和台式操作系统，主要用于工程应用和科学计算等领域。现在很多耳熟能详的操作系统，如Windows、macOS、Linux或多或少都有UNIX的影子或设计思想系统。

很多大公司在获取了UNIX的授权之后，开发了自己的UNIX产品，例如IBM公司的AIX、惠普公司的HP-UX、SCO公司的OpenServer、Sun公司的Solaris（被Oracle收购，如图1-2所示），以及SGI公司的IRIX等。

图 1-2

UNIX因为其安全可靠、高效强大的特点在服务器领域得到了广泛应用。在GNU/Linux流行前，UNIX一直是科学计算、大型机、超级计算机等所用操作系统的主流。现在其仍然被应用于一些对稳定性要求极高的数据中心之上。

1.1.2 自由软件与GNU计划

Linux的发展与GNU计划是紧密联系的，其使用了大量GNU计划中的软件。

20世纪80年代，自由软件运动兴起，目的是通过自由软件使计算机用户获得自由计算的权利。自由软件的用户可以自主控制自己的计算，非自由软件的用户受制于软件开发者。自由软件赋予软件使用者四项基本自由。

- 不论目的为何，有运行该软件的自由。
- 有研究该软件如何工作以及按需改写该软件的自由。
- 有重新发布的自由。
- 有向公众发布改进版软件的自由，这样整个社群都可因此受惠。

1983年理查德·斯托曼（Richard Stallman）发起了GNU项目，旨在开发一个自由的类UNIX的操作系统。GNU项目的创立，标志着自由软件运动的开始，其目标是构建一整套完全由自由软件构成的UNIX操作系统体系。

GNU本身是一个自由的操作系统，其内容及软件完全以GPL方式发布。这个操作系统是GNU计划的主要目标，名称来自GNU's Not UNIX的递归缩写，因为GNU的设计类似UNIX，但它不包含具有著作权的UNIX代码。GNU所用的典型内核是Linux，该组合叫作GNU/Linux操作系统。

GNU通用公共许可证（General Public License，GPL）是由自由软件基金会发行的、用于计算机软件的协议证书，使用该证书的软件被称为自由软件，大多数的GNU程序和超过半数的自由软件使用该许可证。GPL允许软件作者拥有软件版权，但授予其他任何人以合法复制、发行和修改软件的权利。GPL也是一个针对免费发布软件的具体的发布条款。对于遵照GPL发布的软件，用户可以免费得到软件的源代码和永久使用权，可以任意修改和复制，同时也有义务公开修改后的代码。

知识拓展

开源协议的选择

世界上的开源协议有上百种，最流行的六种开源协议有GPL、BSD、MIT、Mozilla、Apache和LGPL。开源协议的选择如图1-3所示。

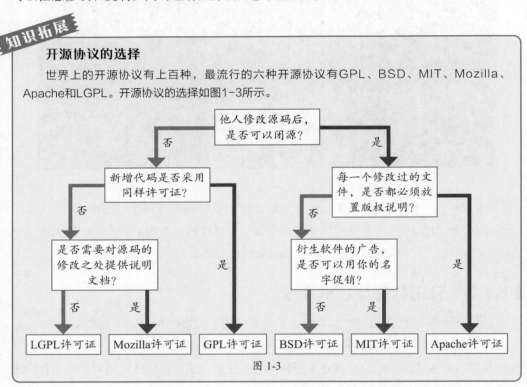

图 1-3

1.1.3　Linux的特点

以Linux为内核的各种操作系统被广泛应用到服务器等专业领域，这与Linux的特点是分不开的。Linux的主要特点如下。

1. 开源

Linux是一个开源的操作系统，意味着它的代码是公开的，任何人都可以在其基础上修改、扩展或重新发布。这使得Linux的发展速度比较快，新特性和功能也比较容易被开发者接受和使用。但开源并不等于免费，开源软件在发行时会附上软件的源代码，并授权允许用户更改、传播或者二次开发。而免费软件就是免费提供给用户使用的软件，但是在免费的同时，通常也会有一些限制，例如源代码不公开、用户不能随意修改、不能二次发布等。

开源软件是不抵触商业的，而是通过更多人的参与减少软件的缺陷，丰富软件的功能，同时也避免了少数人在软件里留一些不正当的后门。开源软件最终还会反哺商业公司，让商业公司为用户提供更好的产品。很多著名的开源项目背后都有商业公司的支撑。

知识拓展

开源软件如何正当获利

一部分开源软件分为免费版与付费版，免费版可享受基础服务，可以通过植入广告获得收益。收费版可以享受更多功能，并提供使用中的技术支持和售后服务，另外可以提供有偿的技术培训。还可以通过在设备上捆绑免费系统来增加设备销量和软件的部分组件收费。如果开源被商用，也可以通过收取版权费、大型科技公司及爱好者的捐助等获得收益。

2. 多平台、可移植

Linux可以运行在多种硬件平台上，如具有x64、x86、680x0、SPARC、Alpha等处理器的平台。此外Linux还是一种嵌入式操作系统，可以运行在掌上电脑、机顶盒或游戏机上。Linux能够在微型计算机到大型计算机的任何环境中和任何平台上运行。

3. 多用户、多任务

Linux操作系统允许多个用户同时使用同一台计算机，并且每个用户都可以有自己的设置，每个用户对自己的资源（例如文件、设备）有特定的权限，互不影响，这在服务器上会经常用到。Linux可以使多个程序同时且独立地运行。

4. 较少的资源占用

Linux在服务器中使用较广，其最大的优势是可以使用最少的软硬件及网络资源实现其丰富的功能和服务。更少的资源占用使Linux的运行效率要远高于Windows服务器系统。

5. 高可靠性

在配置无误的情况下，Linux系统可长时间正常工作。得益于Linux高可靠性的框架结构以及实现方式的简单化，使得该系统更加专业且不易崩溃。

6. 自由度高、可操作性强

Linux各种服务、功能的配置，可以根据用户的使用情况自由选择功能搭配和参数配置。虽然与Windows服务器系统相比，需要一定的基础和适应时间，但其可操作性要比Windows服务器系统高很多，可以通过编程来实现各种功能。

7. 良好的界面

Linux本身并没有图形界面，但提供了图形界面的功能接口。很多Linux发行版使用开源的图形化程序，为用户提供丰富的图形用户界面。同时利用鼠标、菜单、窗口、滚动条等设施，给用户呈现一个直观、易操作、交互性强的、友好的图形化界面。

8. 可靠的安全性

Linux操作系统通常被认为是安全性较高的操作系统，因为它包含了许多安全功能，并且由于它是开源的，所以社区中的专家可以对其进行审查，以确保它的安全性。Linux采取了许多安全技术措施，包括对读、写控制、带保护的子系统、审计跟踪、核心授权等，这为网络多用户环境中的用户提供了必要的安全保障。

9. 可扩展性

Linux操作系统提供了许多可扩展的功能，例如支持多种编程语言、能够连接到大型网络、能够处理大量的数据等。

10. 设备独立性

Linux把所有外部设备统一当作文件来看待，只要安装了它们的驱动程序，任何用户都可以像使用文件一样操作、使用这些设备，而不必知道它们的具体存在形式。Linux是具有设备独立性的操作系统，内核具有高度适应能力。

1.1.4 Linux的应用领域

Linux的应用领域很广泛，从桌面应用到服务器应用都有，其中最为常见的应用领域如下。

1. 桌面应用

虽然相对于Windows而言，Linux市场份额不高，但随着Linux的生态化逐步完善，加上Linux的先天优势，Linux在桌面领域必将迎来爆发式的发展。

2. 服务器应用

Linux作为服务器操作系统应用非常广泛，可以用于局域网服务器、互联网服务器、数据库服务器、Web服务器等。价格低廉、高稳定性、高安全性、硬件要求低、可以任意定制的特点，使Linux在服务器领域一直处在绝对领先的地位。

3. 嵌入式系统

Linux作为嵌入式系统的使用也很广泛，可以用于各种电子设备中。例如常见的智能手环、智能手表、智能家居、安防报警系统、监控系统等。

4. 手机系统

Linux作为手机的操作系统应用也很广泛，可以用于各种智能手机和平板电脑中。这就要提到大名鼎鼎的安卓（Android）操作系统了。安卓操作系统是一种基于Linux内核（不包含GNU组件）的自由及开放源代码的操作系统，主要应用于移动设备，如智能手机和平板电脑。

1.2 Linux的组成

Linux系统主要由内核、Shell、文件系统和应用程序组成。不同的发行版又各有特色，共同组成了庞大的Linux家族。

1.2.1 Linux系统的组成

Linux系统本身由以下四部分组成。

1. 内核

人们常说的Linux其实从专业角度来说指的是Linux内核，而不是整个操作系统。Linux内核加上基于Linux内核运行的应用层生态共同组成Linux操作系统。

内核是操作系统的核心，具有很多基本功能，它负责管理系统的进程、内存、设备驱动程序、文件和网络系统，决定着系统的性能。

Linux内核由内存管理、进程管理、设备驱动程序、文件系统和网络管理几部分组成。

用户可以到"www.kernel.org"网站中去查看并下载Linux的各版本内核，如图1-4所示。可以从中查看到内核的发布日期等信息，最新的内核为6.1版本。

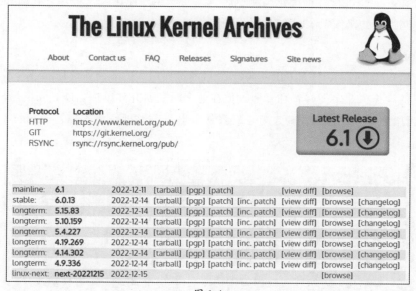

图 1-4

Linux历史版本

1991年，Linux 0.01内核发布；1994年，Linux 1.0内核发布；1996年，Linux 2.0内核发布，开始支持多内核处理器；2011年，Linux 3.0内核发布；2015年，Linux 4.0内核发布；2019年，Linux 5.0内核发布；2022年，Linux 6.0内核发布。

2. Shell

Shell是系统的用户界面，是用户和内核进行交互操作的一种接口，用于接收用户输入的命令，并把命令送入内核去执行，是一个命令解释器。但它不仅是命令解释器，还是高级编程语言——Shell编程。BASH是GNU操作系统上默认的Shell，大部分Linux的发行套件使用的都是这种Shell。

3. 文件系统

文件系统是文件存放在磁盘等存储设备上的组织方法，Linux支持多种文件系统，如Ext3、Ext2、NFS、SMB等。

4. 应用程序

标准的Linux操作系统都会有一套应用程序，例如X-Window、Open Office等。

1.2.2　Linux 发行版

一套完整的、用户可以使用的操作系统，除了内核，还应包括交互环境以及各种应用程序等。所以很多组织或厂商通过将内核、桌面程序、管理程序、应用程序、服务程序等组合在一起，进行各种优化与测试后，发布给用户使用，这种建立在Linux内核基础上的不同类型的操作系统叫作Linux发行版。

1. Debian

Debian GNU / Linux（简称Debian）是目前世界最大的非商业性Linux发行版之一，由全世界的计算机业余爱好者和专业人员在业余时间研究和维护。Debian也是最稳定的Linux发行版之一，优点是用户友好、轻量级，并且与其他环境兼容。Debian 11界面如图1-5所示。

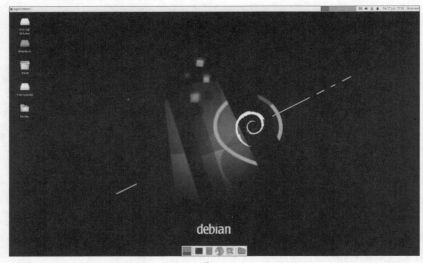

图 1-5

2. Ubuntu

　　Ubuntu 22.10版Kinetic Kudu，如图1-6所示。Ubuntu基于Debian发展而来，界面友好，容易上手，对硬件的支持非常全面，是目前较适合做桌面系统的Linux发行版本，而且Ubuntu的所有发行版本都免费提供，很多设备的预装系统选择了Ubuntu。本书主要是通过Ubuntu来介绍Linux的使用。

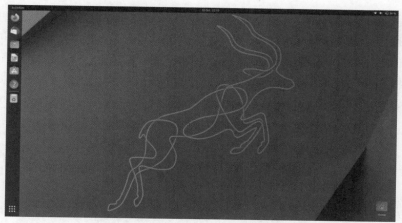

图 1-6

3. Fedora

　　Fedora由Red Hat公司赞助，以提供前线功能而闻名。Fedora有一个更新的、文档良好的软件存储库。安全方便、灵活稳定是其特点。

4. RHEL

　　Red Hat Enterprise Linux（RHEL）如图1-7所示，是Red Hat公司发布的面向企业用户的Linux操作系统。RHEL可以在桌面、服务器、虚拟机管理程序或云端运行，是世界上使用最广泛的Linux发行版之一，安装、配置、使用都十分方便。

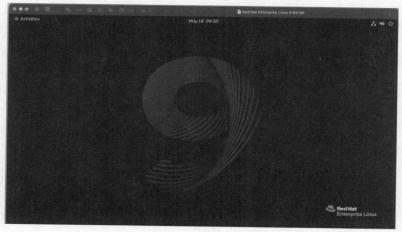

图 1-7

知识拓展

Red Hat公司的相关产品

Red Hat公司的产品包括RHEL（收费版本）和CentOS（RHEL的社区克隆版本，免费版本）、Fedora Core（由Red Hat桌面版发展而来，是免费版本）。

5. CentOS

CentOS界面如图1-8所示，是一种对RHEL源代码再编译的产物，由于Linux是开放源代码的操作系统，并不排斥这样基于源代码的再分发。CentOS就是将商业的Linux操作系统RHEL进行源代码再编译后分发，并在RHEL的基础上修正了不少已知的漏洞。由于出自同样的源代码，因此有些要求高度稳定性的服务器以CentOS替代商业版的RHEL使用，不同之处在于CentOS并不包含封闭源代码软件。

图 1-8

6. SUSE

SUSE Linux以Slackware Linux 为基础，1994年发行了第一版，早期只有商业版本，2004年被Novell公司收购后，成立了OpenSUSE社区，推出了自己的社区版OpenSUSE，它吸取了Red Hat Linux的很多特质。SUSE Linux可以非常方便地实现与Windows的交互，硬件检测非常优秀，拥有界面友好的安装过程、图形管理工具，终端用户和管理员使用起来都非常方便。

7. Kali

Kali Linux界面如图1-9所示，是Debian的一款衍生版。用于

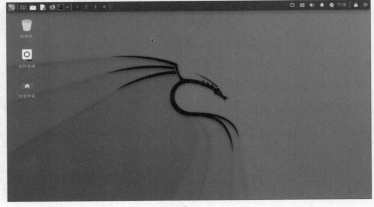

图 1-9

Debian的所有软件包都可以安装在Kali系统中，Kali系统中有许多的渗透测试工具，无论是WiFi相关测试工具、数据库相关测试工具还是其他任何测试工具，都无须安装，可以立即使用。

8. Deepin

Deepin（深度操作系统）界面如图1-10所示，是由武汉深之度科技有限公司在Debian基础上开发的Linux操作系统。2022年5月18日由统信软件发布，Deepin和统信UOS，一个更好地服务于社区用户，另一个则更加专注于服务商业用户。Deepin适用于个人免费用户。UOS是Deepin的商业版，UOS提供的软件及服务更加稳定，Deepin则像它的测试版。

图 1-10

知识拓展

版本的选择

如果需要一个服务器系统，而且已经厌烦了各种Linux的配置，只是想要一个比较稳定的服务器系统，那么建议选择CentOS或RHEL。

如果只是需要一个桌面系统，而且既不想使用盗版，又不想花大价钱购买商业软件；不想自己定制，也不想在系统上浪费太多时间，则可以选择Ubuntu或者Deepin。

如果要学习网络安全及黑客攻防，可以选用Kali。

1.2.3　Linux版本号

常说的Linux版本号指的是Linux内核版本，不同的发行版也有其不同的版本号。

1. 内核版本号

内核版本号如"6.0.13"，其中"6"为主版本号，很少发生变化，只有当内核发生重大变化时才会更新。

"0"是次版本号，是在主版本的基础上，内核的一些重大修改，会更新次版本号。一般认为次版本号为奇数时，该版本的内核为开发中的版本，但不一定稳定，相当于测试版。而此版本号为偶数时，表示其是一个稳定的版本。

"13"为修订版本号，指轻微修订的内核。一般在加入了安全补丁、修复Bug、增加新功能或驱动时，会更新内核版本号。

2. 查看内核版本号

根据不同的发行版，查看内核版本号的命令也不相同，如在Ubuntu中查看内核版本号的命令为"uname -a"，如图1-11所示。在后面的章节会介绍命令的相关使用方法。

图 1-11

图1-11中，"5.15.0"是该版本的Ubuntu使用的Linux内核版本号。"-56"代表第56次微调补丁。"-generic"代表当前内核版本为通用版本，与此类似的有"Server"——针对服务器的版本，"i386"—— 针对老式英特尔处理器的版本。"SMP"代表对称多处理器，表示内核支持多核心、多处理器。日期代表内核的编译时间。"x86_64"代表采用的是64位的CPU。

3. 发行版本号

除了内核外，每个发行版本都有其不同的发行版本号，不同发行版本采用的名称定义不同。例如Ubuntu，可以使用命令"lsb_release -a"查看，如图1-12所示。

图 1-12

图1-12中，"Ubuntu 22.04.1 LTS"是该Ubuntu的发行版本号。"22.04"代表该版本在2022年的4月发布（Ubuntu一般会在4月和10月发布新的版本），Ubuntu一般每半年有一次大的升级。LTS（Long Term Support）代表长期支持版，表示该版本为稳定的，经历了广泛测试，并包含积累改进的版本，使用该版本会在较长时间内获得安全性、维护性和功能性的更新。LTS的版本每两年进行一次大的升级，在这期间只会进行小的更新，基本只涉及Bug修复和安全补丁，所以可以预计下一次的LTS版本为24.04。LTS的支持时间都比较长，如22.04将支持到2027年。安装了此版本可以获得官方长达5年的各种更新、优化服务。临近到期前，可以选择升级到其他的稳定版本。而普通版本的支持一般

只有9个月。

注意事项 Ubuntu版本的选择

笔者建议，学习Linux，如果是公司或企业的生产环境，可以选择非常稳定的长期支持版本，如
22.04 LTS。有一定基础、喜欢尝鲜、体验新功能的用户，可以选择最新的、非LTS版本，如22.10。

知识拓展

Ubuntu版本代号的含义

Codename是该发行版的代号，很多发行版会使用这种名称表示某个版本，Ubuntu还会使用
一种真实或虚拟的事物来代表该版本。如20.04 LTS的代号是focal（中心、重要，标志为马岛长
尾狸猫）、22.04 LTS的代号是jammy（幸运、果酱，标志为水母），22.10的代号是kinetic（活
力，标志为捻角羚），23.04的代号是lunar（月球的，标志为龙虾）。

1.3 Ubuntu简介

在介绍Linux时，一般会以某个发行版的使用方法进行介绍。本书以Ubuntu 22.04为
基础，介绍Linux的相关知识。

▍1.3.1 Ubuntu系统概述

Ubuntu是著名的Linux发行版之一，也是目前用户较多的Linux版本，基于Debian系
统，以桌面应用为主，由肯诺公司发布并提供商业支持。Ubuntu基于自由软件，其名称
来自非洲南部祖鲁语或科萨语的Ubuntu一词（译为乌班图），意思是"人性""我的存在
是因为大家的存在"，是非洲传统的一种价值观的体现。从前人们认为Linux难以安装、
难以使用，在Ubuntu出现后这些都成为了历史。Ubuntu的目标在于为一般用户提供一个
较新、同时又相当稳定，主要以自由软件构建而成的操作系统。Ubuntu目前具有庞大的
社群力量支持，用户可以方便地从社群获得帮助。

▍1.3.2 Ubuntu的特点

Ubuntu发行版之所以能风靡全球，与其简单、易操作和强大的功能是分不开的。
Ubuntu的特点如下。

1. 免费且开源

Ubuntu完全免费，这是使用Ubuntu的一个重要原因。下载、安装和使用Ubuntu
Linux不需要花费一分钱。在整个开发过程中，代码是公开共享的。未来发行计划也都
是透明的，因此，如果是开发人员、硬件制造商或OEM，都可以一起构建Ubuntu应用程
序和系统。

2. 丰富的应用程序

Ubuntu中有成千上万的应用软件可供下载。大部分应用软件是免费的。在所有基于Linux的操作系统中，Ubuntu拥有最广泛的可开箱即用的软件。另外Ubuntu是基于Debian的Linux发行版，使用APT包管理工具，可以方便地实现软件的在线安装升级。

3. 简单易用

Ubuntu被描述为"Linux for human beings"（面向人类的Linux），这是一个真实的陈述。到目前为止，在当今市场上所有基于Linux的操作系统中，没有一个能够接近Ubuntu提供的易用性。Ubuntu可以轻松使用图形化界面完成复杂的配置。新手用户在进行了简单的学习后，可以熟练地操作Ubuntu。

4. 更加安全

与需要使用防病毒软件的Windows相比，Ubuntu相关的恶意软件风险可以忽略不计。Ubuntu严格区分用户及权限，比其他系统具有更高的安全性。在Ubuntu中，可以通过自行安装杀毒软件对文件进行扫描，操作简单方便。

5. 完善的硬件驱动

针对各种硬件，Ubuntu配备了驱动程序安装工具，用户可以在几分钟内快速启动和运行驱动程序，无须专业知识。

6. 独特的个性化

Ubuntu遵循Linux的个性化特点，用户可以根据需要，定制包括外观、语言、程序等所有个性化设置。完成后还可以作为自己的发行版对外提供服务。

7. 良好的支持

Ubuntu背后有大型Linux以及成千上万技术人员和爱好者的支持，选择LTS版本可以享受长达5年的更新和支持服务。而且Ubuntu更新周期短。相比于Debian，Ubuntu每半年就会有新版本发布，提供了更新的功能和应用。

知识拓展

Ubuntu 22.04的新特性

Ubuntu 22.04更新了内核，可以使用Nvidia驱动管理工具，支持最新Nvidia显卡，工具链进行了升级（GCC、Python等），OpenSSL升级到3.0，GNOME桌面环境更加酷炫。

▌1.3.3 Ubuntu的版本

Ubuntu系统的版本主要包括以下五种。

1. 桌面版

桌面版主要用在个人计算机、便携式计算机上，配备有图形操作界面GNOME，系统中有大量的应用程序，包括浏览网页、编辑文档、查看视频及图片、编码和游戏。通过鼠标及键盘操作，更适合普通用户作为网络操作系统使用。

2. 服务器版

Ubuntu服务器版专为服务器硬件设计，默认情况下不带图形界面，而是使用终端命令进行操作。占用软硬件资源较少，能极大地提升服务引擎的动力和计算能力。可以使用SSH远程登录并管理服务器。因为面向服务器，用户可以在其中按照个性化需要安装对应的服务，如网页服务、FTP服务、DHCP服务等。

3. IoT 版

IoT版主要用于各种物联网设备，并可作为嵌入式系统使用，也可以作为常见的开发环境使用，例如树莓派。易用性、灵活性、高效率、兼容性、低成本是其主要特点。

4. 风味版

Ubuntu社区使用"风味（Flavor）"一词描述旗下不同风格的分支发行版。因为这些官方风味版本均受到Ubuntu核心团队技术委员会的认可和支持，并使用与原始Ubuntu开发相同的标准构建和测试，其漏洞或错误也由Ubuntu团队成员监控、跟踪和修复。此外，这些风味的更新版本通常在Ubuntu官方版本发布后的几天内同步发布。

5. 云上版

Ubuntu是亚马逊、微软、谷歌、IBM、Rackspace和Oracle等合作伙伴优化和认证的服务器镜像。另外，Canonical为这些镜像提供Ubuntu订阅服务及企业级商业支持。

1.4　Ubuntu系统的安装

安装Ubuntu非常简单，Ubuntu提供多种安装及升级方式供用户使用。

1.4.1　Ubuntu系统的下载

Ubuntu系统提供多种下载方式，最常见的方式是在官网或镜像站下载Ubuntu的ISO镜像，用于制作安装介质。用户可以根据需要选择下载方式。

1. 官网下载

Ubuntu的官网是"ubuntu.com"，其对应的中文网站为"cn.ubuntu.com"。建议到中文网站进行下载。

Step 01 打开Ubuntu中文网站后，单击"下载"按钮，如图1-13所示。

图 1-13

Step 02 选择下载的版本，这里单击"Ubuntu桌面系统"链接，如图1-14所示。

图 1-14

Step 03 找到版本"Ubuntu 22.04.1 LTS"，单击"下载"按钮，如图1-15所示。

图 1-15

注意事项 Ubuntu桌面版的硬件要求

在图1-15中可以看到该版本的最低硬件要求，如双核CPU、主频2GHz及以上、4GB的内存、25GB的硬盘空间、需要联网、需要使用光驱或USB安装介质。该要求非常低，大部分计算机都可以满足。

接下来浏览器或者下载工具会弹出下载对话框，选择保存位置下载即可。

2. 开源镜像站下载

在开源镜像站中会放置开源系统镜像、发行安装包、软件、文件等。免费提供镜像文件下载、更新升级、源码下载的专业网站。主要解决从官方站点下载、更新速度慢的问题。镜像站在国内外都有，在Ubuntu官网上可以看到所有镜像站，并可通过链接直达镜像站，如图1-16所示。Ubuntu会进行测速，并按照带宽排序。

China		42 Gbps	16 mirrors
eScience Center, Nanjing University	https http rsync	10 Gbps	
Beijing University of Posts and Telecommunications	https http	10 Gbps	
Tsinghua University	https http rsync	10 Gbps	
SDU Mirrors	https http rsync	2 Gbps	
Shanghai Jiao Tong University	https http ftp	1 Gbps	
BJTU	https http	1 Gbps	
Dalian University of Technology	http	1 Gbps	
China Internet Network Information Center (CNNIC)	https http rsync	1 Gbps	
Harbin Institute of Technology	https http rsync	1 Gbps	
NjuptMirrorsGroup	http	1 Gbps	
USTC Linux User Group	https http ftp rsync	1 Gbps	
Xi'an Jiaotong University	https http	1 Gbps	
Capital Online Data Service	http ftp rsync	1 Gbps	
Zhejiang University	https http	1 Gbps	
Lanzhou University Open Source Society	https http	100 Mbps	
Northwest A&F University	http	100 Mbps	

图 1-16

国内常见的提供镜像站的机构有华为、阿里、腾讯、网易以及各大教育机构等。因为是开源镜像站，所以这些网站的文件存储结构完全相同，以方便各种设备按照标准下载和更新。下面以南京大学开源镜像站"mirror.nju.edu.cn"为例介绍下载Ubuntu的过程，其他镜像站界面可能不同，但文件夹及文件的路径及选择方式都是相同的。

Step 01 进入南京大学开源镜像站，在"镜像列表"中搜索并找到"Ubuntu"后，单击"ubuntu-releases"链接，如图1-17所示。

图 1-17

知识拓展

镜像列表的详细信息

在列表中可以看到所有的开源系统，包括常见的CentOS、Kali、Debian、Fedora以及各种常见的开源软件。镜像站会定期与官网同步数据，可以在列表中查询到上次及下次同步时间。"当前状态"列代表该同步状态，success代表同步成功、syncing代表正在同步，failed代表失败，建议等待。ubuntu-releases专门用于存放系统镜像。

Step 02 从如图1-18所示界面的列表中，找到并单击"22.04.1/"链接。

20.04/	-	2022-09-01 14:33:24
20.04.5/	-	2022-09-01 14:33:24
22.04/	-	2022-08-11 11:16:52
22.04.1/	-	2022-08-11 11:16:52
22.10/	-	2022-10-20 17:11:11

图 1-18

Step 03 然后选择"ubuntu-22.04.1-desktop-amd64.iso"选项，如图1-19所示，即可启动下载。

ubuntu-22.04.1-desktop-amd64.iso	3826831360	2022-08-10 16:21:50
ubuntu-22.04.1-desktop-amd64.iso.torrent	292338	2022-08-11 10:55:52
ubuntu-22.04.1-desktop-amd64.iso.zsync	7474517	2022-08-11 10:55:51
ubuntu-22.04.1-desktop-amd64.list	20503	2022-08-10 15:04:28
ubuntu-22.04.1-desktop-amd64.manifest	59000	2022-08-10 15:04:28
ubuntu-22.04.1-live-server-amd64.iso	1474873344	2022-08-09 16:48:34
ubuntu-22.04.1-live-server-amd64.iso.torrent	112902	2022-08-11 11:01:01

图 1-19

注意事项 desktop与live-server的区别

desktop是桌面版，而live-server是服务器版。

1.4.2 制作安装介质

如果用虚拟机安装，则可以直接使用。如果要安装到计算机中，需要使用U盘制作成安装介质。这里使用的软件是Rufus，该软件不仅可以制作Ubuntu的安装U盘，还可以制作其他系统的安装U盘。

Step 01 将U盘（4GB及以上）插入计算机中，打开Rufus，会自动检测到U盘，单击"选择"按钮，如图1-20所示。

图 1-20

Step 02 找到并选中下载的镜像，单击"打开"按钮，如图1-21所示。

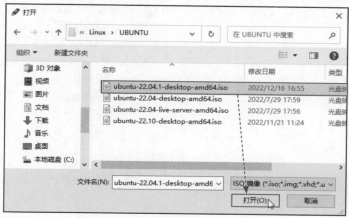

图 1-21

Step 03 其他参数保持默认，单击"开始"按钮，如图1-22所示。经过几个安全提示后，就可以启动并写入镜像数据，完成后移除U盘即可安装。

图 1-22

1.4.3 运行环境搭建

如果用户是初次学习Ubuntu，或者需要使用Ubuntu进行试验，建议不要在真实环境（物理计算机）使用，最好在虚拟机环境中运行。

1. 虚拟机介绍

虚拟机的作用是在一台真实的计算机中虚拟出一台或多台独立的计算机。这些虚拟的计算机包含真实的计算机的所有部件，安装操作系统后，也不会影响真实计算机的使用。可以随时进行备份，出现问题后随时还原。不怕病毒、木马，安装方便。对于学习和搭建各种试验环境非常合适。常见的虚拟机包括VirtualBox、VMware Workstation Pro、Virtual PC、Windows的Hyper-V等。

下面以VMware Workstation Pro（以下简称VM）为例，介绍虚拟机环境的搭建，完成后就可以安装操作系统。VM可以到VMware官网中下载安装，这里不再赘述。

2. 虚拟平台的搭建

虚拟平台的搭建就是为即将安装的操作系统虚拟出一台计算机的配置过程。下面介绍操作步骤。

Step 01 启动VM后，从"文件"下拉列表中选择"新建虚拟机"选项，如图1-23所示。

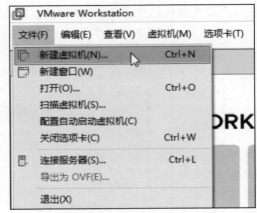

图 1-23

Step 02 选中"自定义"单选按钮，单击"下一步"按钮，如图1-24所示。

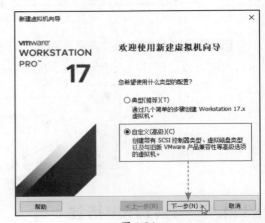

图 1-24

Step 03 设置兼容性，保持默认，单击"下一步"按钮，如图1-25所示。

Step 04 选中"稍后安装操作系统"单选按钮，单击"下一步"按钮，如图1-26所示。

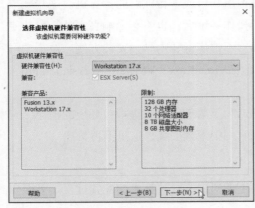

图 1-25

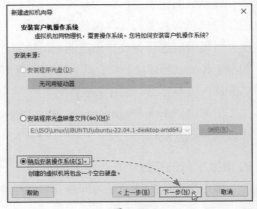

图 1-26

Step 05 选中"Linux"单选按钮，并从列表中选择"Ubuntu 64位"选项，单击"下一步"按钮，如图1-27所示。

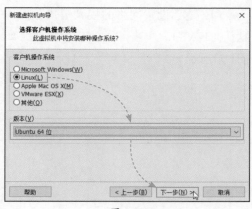

图 1-27

Step 06 设置创建的虚拟机的名称及位置，单击"下一步"按钮，如图1-28所示。

图 1-28

Step 07 设置处理器的数量和内核数量，单击"下一步"按钮，如图1-29所示。

Step 08 根据真实机硬件配置，设置给予该虚拟机的内存大小，单击"下一步"按钮，如图1-30所示。

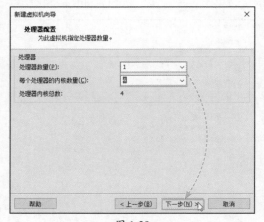

图 1-29

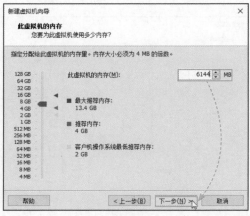

图 1-30

Step 09 设置网络的接入模式，保持默认（NAT），单击"下一步"按钮，如图1-31所示。

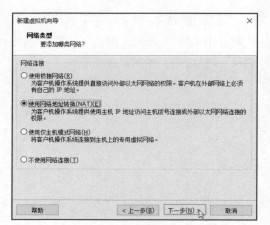

图 1-31

Step 10 设置I/O控制器类型，保持默认选项"LSI Logic"，单击"下一步"按钮，如图1-32所示。

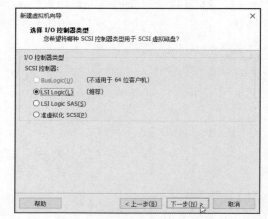

图 1-32

Step 11 设置硬盘类型，保持默认选项"SCSI"，单击"下一步"按钮，如图1-33所示。

Step 12 选中"创建新虚拟磁盘"单选按钮，单击"下一步"按钮，如图1-34所示。

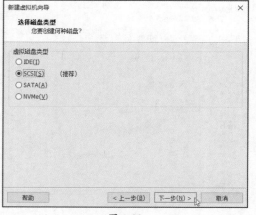

图 1-33

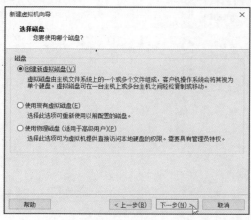

图 1-34

Step 13 设置最大磁盘大小为120GB，单击"下一步"按钮，如图1-35所示。

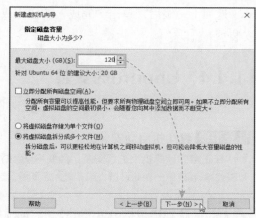

图 1-35

Step 14 指定磁盘文件位置，单击"下一步"按钮，如图1-36所示。

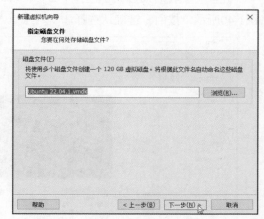

图 1-36

Step 15 单击"自定义硬件"按钮，如图1-37所示。

Step 16 在弹出的对话框中设置使用ISO映像文件的位置，单击"关闭"按钮，如图1-38所示。

图 1-37

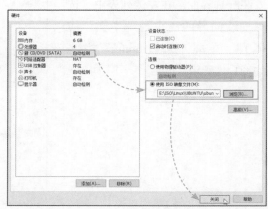

图 1-38

返回上一级后，单击"完成"按钮完成所有配置，接下来启动虚拟机进行Ubuntu的安装。

1.4.4　Ubuntu的安装

搭建好环境后，可以启动虚拟机进行Ubuntu的安装。

注意事项 真实机启动安装

在正常的计算机上进行安装，需要将U盘插入USB接口中，启动计算机后，进入BIOS，将USB设备调成第一启动设备，或者进入启动设备选择界面，选择U盘即可。

Step 01 在虚拟机中单击▶按钮启动虚拟机，如图1-39所示。

Step 02 在启动选项中选择"Try or Install Ubuntu"（试用或安装Ubutnu）选项，如图1-40所示，按回车键确认选择。

图 1-39

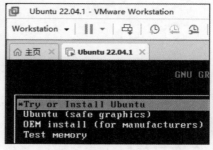

图 1-40

Step 03 安装程序启动后进入安装配置界面。在左侧列表中，选择安装向导的语言为"中文（简体）"，单击"安装Ubuntu"按钮，如图1-41所示。

图 1-41

Step 04 选择键盘布局，保持默认的"Chinese"，单击"继续"按钮，如图1-42所示。

图 1-42

试用Ubuntu

从功能性来说，试用和安装没什么区别。试用就像PE环境，将Ubuntu加载到内存中使用，可以体验新版的各种功能。安装就是将Ubuntu安装到硬盘上。

试用结束后关闭计算机，所有的配置和操作都将清空，无法保存。当然也不存在病毒的问题。而安装版可以将更改保存在硬盘中。

Step 05 选择安装模式为"正常安装"，勾选"安装Ubuntu时下载更新"以及"为图形或无线硬件，以及其他媒体格式安装第三方软件"复选框，单击"继续"按钮，如图1-43所示。

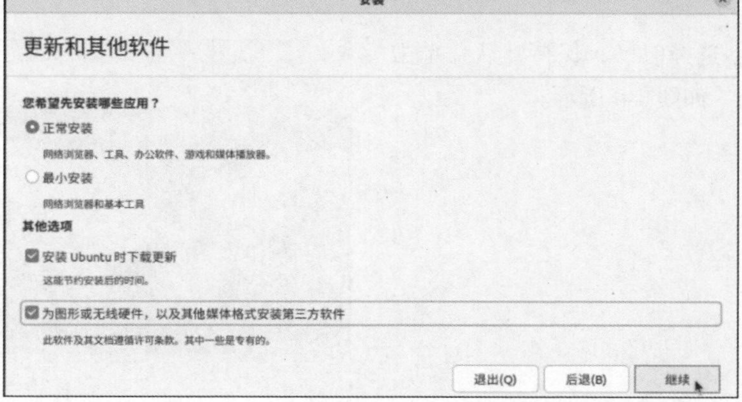

图 1-43

Step 06 选择安装类型，因为是第一次完全安装，这里选中"清除整个磁盘并安装

Ubuntu"单选按钮，单击"现在安装"按钮，如图1-44所示。

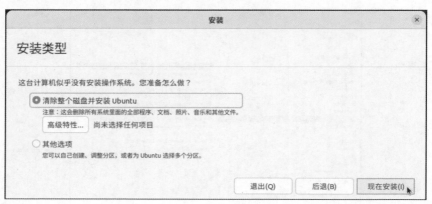

图 1-44

注意事项 自定义分区

如果用户对磁盘分区有要求，可以从"其他选项"中手动设置分区。

Step 07 查看默认的磁盘分区内容，单击"继续"按钮，如图1-45所示。

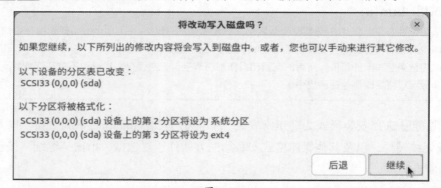

图 1-45

Step 08 选择时区，保持默认，单击
"继续"按钮，如图1-46所示。

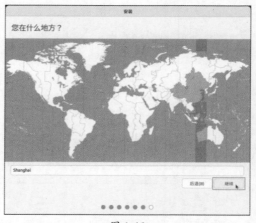

图 1-46

Step 09 设置用户名、计算机名、登录密码，选中"自动登录"单选按钮，单击"继续"按钮，如图1-47所示。

注意事项 **参数设置**

如果是自己使用或非常安全的环境，可以设置为"自动登录"，否则需要选中"登录时需要密码"单选按钮。如果需要加入到域环境中，则需要勾选"使用Active Directory"复选框，并设置域参数以及域认证。

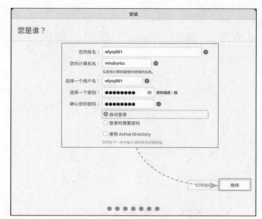

图 1-47

Step 10 Ubuntu会联网下载数据及各种更新，如图1-48所示。根据不同的配置、网速，等待的时间也不同，此时不可关闭计算机电源。

Step 11 下载并安装完毕后，弹出提示窗口，单击"现在重启"按钮，如图1-49所示。

图 1-48

图 1-49

Step 12 系统提示移除安装介质，并按回车键重启，如图1-50所示。

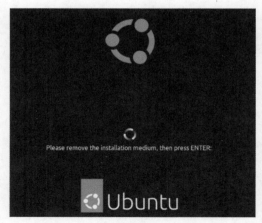

图 1-50

27

Step 13 重启后，提示登录账号，同步配置，单击"跳过"按钮，如图1-51所示。

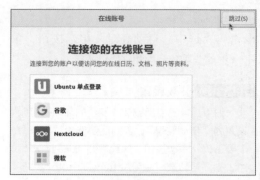

图 1-51

Step 14 选择是否发送改进信息，单击"前进"按钮，如图1-52所示。

Step 15 选择是否开启位置服务，单击"前进"按钮，如图1-53所示。

图 1-52

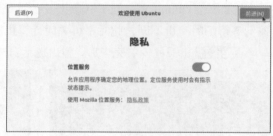

图 1-53

Step 16 系统提示安装及配置完成，单击"完成"按钮，如图1-54所示。完成安装后，Ubuntu主界面如图1-55所示。

图 1-54

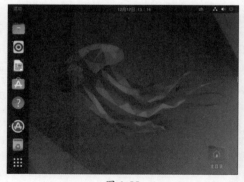

图 1-55

安装更新

　　Ubuntu会自动检查系统内核、关键组件以及软件的更新，然后弹出升级提示。用户可以单击"立即安装"按钮更新系统及软件。

技能延伸：虚拟机的应用与管理

为了发挥虚拟机的作用，在Ubuntu安装完毕后，还需要做一些必要的设置。

1. 安装虚拟机工具

虚拟机工具支持屏幕的自适应大小，可以随意调整分辨率、真实机和虚拟机之间的文件、文字的复制等。用户可以右击选择"在终端中打开"选项，如图1-56所示，使用sudo apt install open-vm-tools-desktop命令安装VM工具，如图1-57所示，安装完毕重启系统。

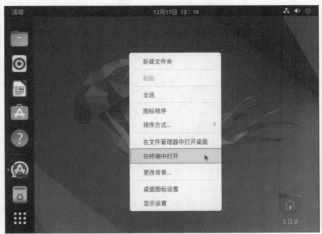

图 1-56

图 1-57

2. 创建快照

快照的作用是创建备份，以及可以随时还原备份。用户在主界面中，选择"虚拟机"|"快照"|"拍摄快照"选项，如图1-58所示。

图 1-58

设置快照的名称及描述后单击"拍摄快照"按钮，就可以创建快照，如图1-59所示。

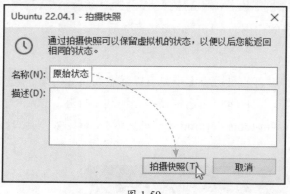

图 1-59

3. 还原快照

VM支持在任意时刻进行快照的还原。在用户不小心进行了错误操作又无法排除的情况下，可以通过还原快照功能将系统还原到初始状态。

在"虚拟机"|"快照"级联菜单中，找到并选择刚才创建好的快照选项，如图1-60所示。

图 1-60

在弹出的警告信息中，单击"是"按钮，启动恢复即可，如图1-61所示。

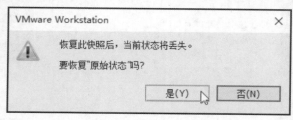

图 1-61

第2章
图形界面基础

　　Ubuntu的特点之一是简单易用，以前的Linux只能通过终端窗口使用命令进行各种操作，而Ubuntu的图形界面与系统功能深度融合，通过图形界面就可以完成系统和功能的各种设置。本章将向读者介绍Ubuntu的GNOME桌面环境和一些功能的作用与配置。

重点难点

- 桌面环境的配置
- 系统常见配置
- 软件的使用
- 远程管理

Linux本身并没有图形界面，Linux的图形界面是由Linux下的应用程序实现的，在Ubuntu中，常见的就是GNOME桌面环境。GNOME桌面环境的构建和实现使用了X窗口系统。

2.1.1 X窗口

X窗口也叫X Window、X11，或直接称为X，它并不是一个软件，而是一个协议。这个协议定义了一个系统程序所必须具备的功能（如同TCP/IP）。

1. X Window 的作用

X Window是一种以位图方式显示的软件窗口系统，是UNIX、类UNIX，以及OpenVMS等操作系统一直使用的标准化软件工具包及显示架构的运作协议。

X Window通过软件工具及架构协议建立操作系统所用的图形用户界面，此后逐渐扩展适用到其他操作系统上，几乎所有的操作系统都支持与使用X Window。GNOME和KDE也是以X Window为基础建构的。

X Window向用户提供基本的窗口功能支持，而显示窗口的内容、模式等可由用户自行定制，在用户定制与管理X Window系统时，需要使用窗口管理程序，窗口管理程序包括Enlightenment、Fvwm、MWM和TWM Window Maker等，供习惯不同的用户选用。

2. X Window 的组成

X Window采用的是C/S架构，常见的X Window由三部分组成。

（1）X服务端（X Server）

X Server是X Window系统的核心。X Server运行在有显示设备的主机上，是服务器端。X Server负责的主要工作如下。

- 支持各种显示卡和显示器类型。
- 响应X Client（X客户端）的应用程序的请求，根据要求在屏幕上绘制图形，以及显示和关闭窗口。
- 管理维护字体与颜色等系统资源以及显示的分辨率、刷新速度等。
- 控制对终端设备的输入输出操作，跟踪鼠标和键盘的输入事件，将信息返回给X Client的应用处理程序。

对于操作系统而言，X Server只是一个运行级别较高的应用程序。因此，可以像其他应用程序一样对X Server进行独立的安装、更新和升级，而不涉及对操作系统内核的处理。

Xorg所用的协议版本是X11（第11个版本）。现在多数情况下X11、Xorg、X Server所指的都是Linux桌面的X11后端服务器，也就是Xorg。

（2）X客户端（X Client）

凡是需要在屏幕上进行图形界面显示的程序都可看作是X Client，如文字处理、数据库应用、网络软件等。X Client以请求的方式让X Server管理图形化界面。X Client不能直接接收用户的输入，只能通过X Server获得键盘和鼠标的输入。在向屏幕显示输出时，X Client确定要显示的内容，并通知X Server。由X Server完成实际的显示任务。当用户用鼠标或键盘输入时，由X Server发现输入事件，接收信息，并通知X Client，再由X Client进行实际的处理输入事件的工作，以这种交互的方式响应用户的输入。

（3）X协议（X Protocol）

X Protocol是X Client和X Server之间通信时所遵守的一套规则，规定了通信双方交互信息的格式和顺序。X Client和X Server都需要遵守X Protocol，才能彼此理解和沟通。

X Protocol运行在TCP/IP之上，因此X Client和X Server可以分别运行在网络上的不同主机之间。只要本地主机上运行X Server，那么无论X Client运行在本地主机还是远程主机上，都可以将运行界面显示在本地主机的显示器中，并呈现给用户。这也体现了X Window系统运行和显示分离的特性，这种特性在网络环境中也十分有用。用户可以进行远程登录，并启动不同主机上的多个应用程序将它们的运行界面同时显示在本地主机屏幕上，并且可以在本地主机上方便、直观地实现不同系统的窗口之间数据的传输。

3. X Window 与GNOME的关系

包括KDE与GNOME在内，它们都是基于X Window，可以算是前端（Xorg相当于后端）。经过组织、整合、优化之后的桌面环境通过X Window协议才能运行。这些桌面环境不同于其他桌面管理器或者应用程序，他们不仅支持其他桌面管理器，而且包含完整的应用环境、应用管理以及开发工具。

知识拓展

X Window与Microsoft Windows

X Window与Microsoft Windows非常相似，但实际上两者有本质上的不同。Microsoft Windows是完整的操作系统，包括从内核到Shell到窗口环境等一切内容，而X Window只是操作系统的一部分：窗口环境。另一方面的差别在于界面，Microsoft Windows是固定的，而X Window相当灵活，而且可以配置。

2.1.2　GNOME桌面环境

GNOME是一套纯粹且自由的计算机软件，是Linux操作系统的桌面环境，因其简单易用、轻量级，以及清新美观的界面而闻名。

1. GNOME 简介

GNOME全称为GNU网络对象模型环境（GNU Network Object Model Environment），

是开放源码运动的一个重要组成部分，是一种让使用者容易操作和设定计算机环境的工具，其目标是基于自由软件，为UNIX或者类UNIX操作系统构造一个功能完善、操作简单、界面友好的桌面环境，是GNU计划的正式桌面。

GNOME的图形驱动环境十分强大，它几乎可以不用任何字符界面来使用和配置机器。GNOME遵照GPL许可发行，得到Red Hat公司的大力支持，成为Red Hat Linux等众多Linux发行版默认安装的桌面环境。既是GNU计划的一部分，也是一个基于GPL的开放式软件。用户可以从官网上获取最新的GNOME桌面环境，如图2-1所示。

图 2-1

2. GNOME 桌面环境的特点

GNOME是Linux最受欢迎的桌面环境之一，并被许多Linux发行版（包括Ubuntu、Fedora和CentOS）使用。GNOME的主要特点如下。

（1）自由性

GNOME是完全公开的（自由的软件），是由世界上许多软件开发人员开发出来的，可以自由地取得它的源代码。对使用者而言，GNOME有许多方便之处，例如提供非文字的接口，以及让使用者能轻易地使用应用程序。

（2）模式简单

GNOME设定容易，可以将其设定成任何模式。GNOME的session管理员能记住先前系统的设定状况，因此，只要设定好环境，它就能够以想要的方式呈现出来。GNOME甚至还支援"拖拉"协定，让GNOME能够使用本来不支援的应用程序。

对软件开发者而言，GNOME也有它的方便之处。软件开发人员不需要购买昂贵的版权来让开发出来的软件相容于GNOME。事实上，GNOME是不受任何厂商约束的，它的任意元件的开发或修改均不受限于某家厂商。

（3）支持多种语言

GNOME可以多种程式语言来撰写，并不受限于单一语言，也可以新增其他不同的语言。GNOME使用Common Object Request Broker Architecture让各个程式元件彼此正常地运作，而不需考虑它们是用何种语言写成的，甚至是在何种系统上执行的。GNOME可在许多类UNIX的作业平台上执行，包括Linux。

动手练 注销、关机、重启与登录

注销、关机与重启是Linux的基本操作，可以使用命令完成，但在GNOME桌面环境中，执行这些操作非常方便。可以通过注销、保存并关闭当前用户环境，退回到欢迎界面。然后登录其他账户或者重新登录该账户。

注销、关机与重启的功能执行界面是在一起的，下面介绍执行步骤。

Step 01 在GNOME主界面中，单击右上角的"系统功能区"下拉按钮，展开"关机/注销"下拉列表，从中可以选择"重启""关机"或"注销"选项来执行相应的操作，如图2-2所示。

图 2-2

Step 02 开机、重启或注销后，会进入到登录界面，在登录界面中选择需要登录的用户账户，输入登录密码后，如图2-3所示，按回车键即可进入Ubuntu桌面。

图 2-3

2.2　Ubuntu桌面环境的设置

Ubuntu桌面环境非常简洁，并且对GNOME桌面环境进行了优化，非常适合刚刚Linux的新手学习和使用。

2.2.1　桌面的布局和功能

进入Ubuntu后，可以看到整洁的Ubuntu桌面，如图2-4所示。桌面按照布局分为顶部面板、左侧的Dock浮动面板以及中间的工作区。

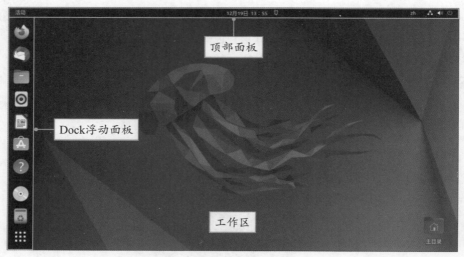

图 2-4

1. 顶部面板

在顶部面板上，可以看到左侧的"活动"按钮，中部的时间和日期显示，右侧的语言和系统设置功能区。

（1）活动按钮

活动按钮的功能在"普通视图"和"活动概览视图"之间切换。活动概览是一种全屏模式，提供从一个活动切换到另一个活动的多种途径，会显示当前的工作区、所有已打开的窗口的预览，以及收藏的应用程序和正在运行的应用程序的图标。另外，它还集成了搜索和浏览功能。

打开多个程序窗口后，单击"活动"按钮，会以实时缩略图的方式显示当前工作区中所有打开的窗口及其对应的程序。上部的"搜索"框可以查找所需的应用程序、设置以及文件等，如图2-5所示。单击某个应用程序即可将其切换到前台。

在这里可以直接关闭不需要的程序或窗口，或者从左侧的Dock浮动面板上拖动程序图标到当前工作区中，用来打开新的程序窗口。还可以通过单击右侧的下一个工作区来创建新的工作区，或切换工作区。

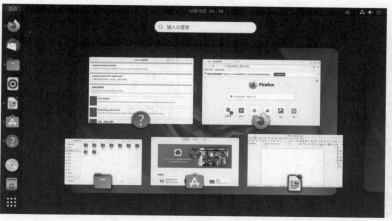

图 2-5

工作区的切换

    GNOME支持多个工作区（桌面）的操作，可以在不同工作区中启动不同的程序。用户可以使用Ctrl+Alt+←/→组合键来切换到左侧/右侧的工作区。

（2）日期和时间

    顶部面板的中间部分显示了当前的日期和时间。单击后，可以显示日历、日程以及各种通知，如图2-6所示。

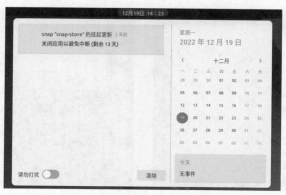

图 2-6

（3）语言栏

    单击右侧的语言栏后会弹出语言和输入法选择界面，如图2-7所示。这里可以选择输入法、切换中英文输入、切换全角半角、设置输入法首选项等。

（4）系统功能区

    显示"网络""声音""关机"图标的是系统功能区，单击后会显示下拉列表，可以从中调节声音大小、设置网络、设置系统工作模式、启动"设置"功能、锁定计算机以及关机或注销，如图2-8所示。

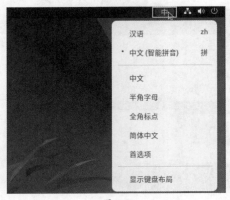

图 2-7   图 2-8

2. Dock 浮动面板

Dock浮动面板由三部分组成，包括上部的收藏夹栏、下部的固定显示栏以及最下方的"显示应用程序"按钮。

（1）收藏夹栏

收藏夹栏收藏常用的应用程序的图标，可以在收藏夹栏单击应用程序图标以便快速启动该应用程序。程序启动后，可以通过单击该图标快速切换到打开的程序窗口。用户可以自定义收藏夹栏中的图标和图标的顺序，可以在"所有程序"界面将常用的图标添加到收藏夹中，如图2-9所示。也可以从收藏夹中删除不需要的图标，如图2-10所示。

图 2-9   图 2-10

在默认的收藏夹栏中，从上到下的程序依次为Firefox（火狐浏览器）、Thunderbird（邮件客户端）、文件、Rhythmbox（音乐播放器）、LibreOffice Writer（文字处理工具，类似于Word）、Ubuntu Software（Ubuntu应用商店）、帮助。

（2）固定显示栏

固定显示栏用于固定显示最近打开的应用程序，这些应用程序并未固定到收藏夹栏中，如图2-11所示，关闭程序后这些图标会从浮动面板中消失。一些硬件，如硬盘、U盘、光驱等，当没有这些硬件时不会显示，一旦接入后会在此处显示，如图2-12所示。最后是回收站图标，会一直显示。

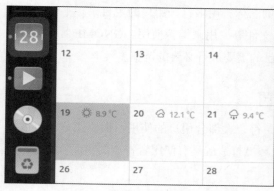

图 2-11

图 2-12

当图标显示过多时，可以在Dock面板中，通过鼠标滚动来查找需要的图标。

（3）"显示应用程序"按钮

如果要查看系统中安装的所有应用程序，可以单击"显示应用程序"按钮，此时会显示类似"活动概览视图"的界面，如图2-13所示，上部为"搜索框"以及所有的工作区缩略图，下方是Ubuntu中所有安装的具有GUI的应用程序。在这里可以将需要的应用程序固定到"收藏夹"栏中。

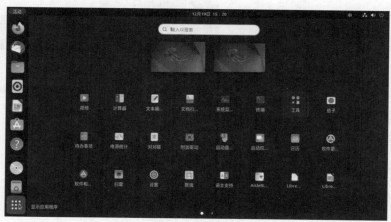

图 2-13

Super键及使用

键盘上的Windows键，在Linux中称为Super键，可以通过单击Super键，快速进入"活动概览视图"，双击Super键进入"所有程序"界面。

3. 工作区

除了状态栏和收藏夹栏外，剩下的都属于桌面区。和Windows的桌面区不同，Ubuntu的桌面区默认只有一个用户主目录的图标，用来打开用户的主目录。平时用于放置已经打开或者正在运行的软件窗口以及文件等，用来编辑使用。GNOME桌面环境的布局和内容都可以定制，用户可以根据自己的需要进行必要的调整。

2.2.2　GNOME的个性化设置

GNOME的桌面已经进行了大量改进，符合大部分用户的使用习惯。用户还可以通过GNOME的个性化设置，将GNOME桌面环境打造成具有使用者特点的桌面。

1. 设置分辨率

设置分辨率用来适应不同的显示器或环境，在Ubuntu中的设置方法非常简单。

Step 01 在桌面上右击，在弹出的快捷菜单中选择"显示设置"选项，如图2-14所示。

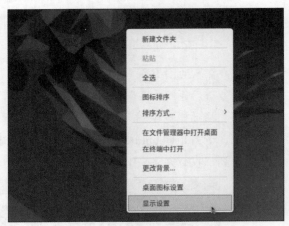

图 2-14

Step 02 单击"分辨率"下拉按钮，在下拉列表中选择合适的分辨率，如图2-15所示。

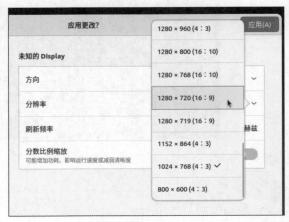

图 2-15

Step 03 完成后单击"应用"按钮，如图2-16所示。

Step 04 Ubuntu调整分辨率后，提示用户是否保留更改，单击"保留更改"按钮，如图2-17所示。

图 2-16

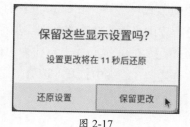

图 2-17

其他显示参数

在图2-15所示的界面中，通过"方向"下拉选项可以设置显示的方向，还可以查看当前的刷新率。启动"分数比例缩放"功能后，可以设置当前的缩放比例，如图2-18所示。

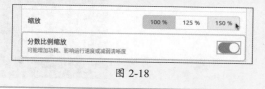

图 2-18

2. 设置桌面背景

更改桌面背景也是个性化操作之一。

Step 01 在桌面上右击，在弹出的快捷菜单中选择"更改背景"选项，如图2-19所示。

Step 02 在弹出的"背景"设置界面中，选择其他系统自带的背景，如图2-20所示。也可以通过右上角的"添加图片"按钮选择自己的个性图片。

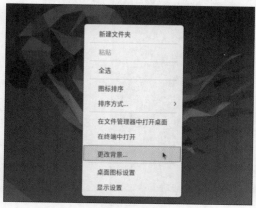

图 2-19

图 2-20

41

3. 添加桌面图标

默认情况下，Ubuntu桌面只有用户主目录一个图标，其他程序需要从收藏夹栏或"所有程序"界面启动。无法直接通过程序创建桌面快捷方式。当然，在Ubuntu中也可以创建某个程序的桌面快捷方式，创建步骤如下。

Step 01 在桌面上右击，在弹出的快捷菜单中选择"在终端中打开"选项，如图2-21所示。

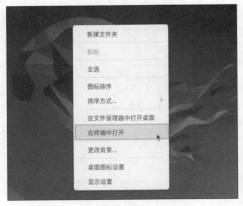

图 2-21

Step 02 输入命令"open /usr/share/applications/"，如图2-22所示。

图 2-22

Step 03 在打开的文件夹中，是系统中所有自带的应用程序的快捷方式。找到需要的应用程序的快捷方式，选中后复制下来，如图2-23所示。

Step 04 在桌面上粘贴该快捷方式后右击，在弹出的快捷菜单中选择"允许运行"选项，如图2-24所示。

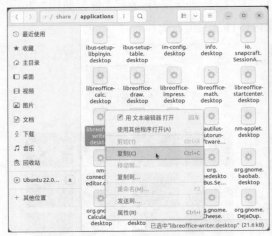

图 2-23

图 2-24

Step 05 此时快捷方式图标变为正常状态，双击即可启动该程序，如图2-25所示。

图 2-25

注意事项 **查找程序快捷方式名称**

由于/usr/share/applications/目录中的所有快捷方式都是以英文方式显示，可以在"所有程序"界面，或打开程序找到程序的英文名称，然后在目录中搜索。也可以将所有快捷方式复制到桌面，删除不需要的快捷方式。如果要手动创建，需要设置程序路径、图标、名称等。

4. 设置桌面图标

桌面图标的设置包括用户创建的各种快捷方式以及Dock浮动面板中的图标两部分。

（1）桌面图标排序

桌面快捷方式图标默认在左下角显示，在桌面上可以通过选择"排序方式"下级列表中的排序方式的方法来设置，如图2-26所示，也可以手动拖动图标到桌面的任意位置。

（2）Dock浮动面板图标排序

前面介绍了如何将程序添加到Dock浮动面板的收藏夹栏以及从收藏夹栏删除的操作。在Dock浮动面板中，还可以通过拖动快捷方式图标来改变其在浮动面板中的位置，如图2-27所示。

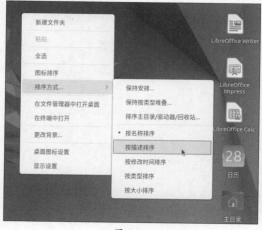

图 2-26

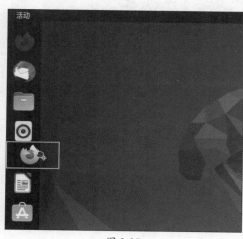

图 2-27

5. 设置桌面外观

桌面还可以通过"设置"中的"样式"面板来更改更多的默认参数。用户可以在桌面上右击，在弹出的快捷菜单中选择"桌面图标设置"选项，如图2-28所示。

在弹出的"样式"面板中，可以设置文件夹的默认外观样式及按钮的颜色，如图2-29所示。

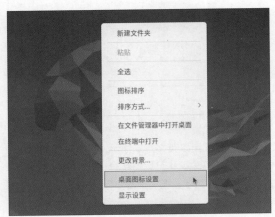

图 2-28

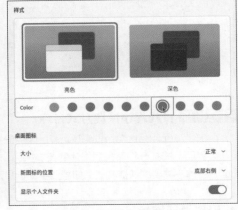

图 2-29

在图2-29所示的"桌面图标"板块中，可以设置桌面图标的大小、新图标的位置、是否显示个人文件夹。调整后如图2-30所示。

注意事项 调整后的刷新

Ubuntu桌面没有刷新，更改新图标位置后，可以在桌面上右击，在弹出的快捷菜单中选择"图标排序"选项，相当于刷新。

在下方的Dock选项组中，可以设置Dock浮动面板的相关配置，如图2-31所示。

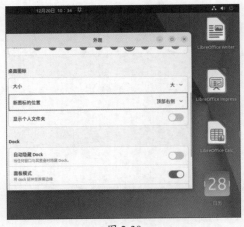

图 2-30

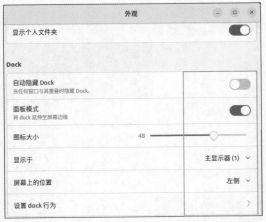

图 2-31

其中"自动隐藏Dock"可以在窗口靠近Dock面板时，自动将Dock面板贴边收回，在"面板模式"关闭时，Dock面板变成类似工作栏的状态，通过"图标大小"滑块可以调整面板中的图标大小，如图2-32所示。通过"设置dock行为"可以设置在面板中是否显示添加的卷和各种设置，以及是否显示回收站，如图2-33所示。

图 2-32

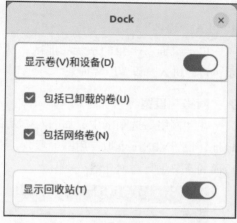

图 2-33

通过"屏幕上的位置"可以设置Dock浮动面板在桌面上的位置，可以设置在左侧、右侧以及底部，如图2-34所示。

图 2-34

知识拓展

快速更换输入法

可以使用Super+空格组合键来选择输入法，如图2-35所示。在中文输入法中，可以按Shift键切换中英文输入。

图 2-35

2.2.3　系统常用功能设置

在Ubuntu中，可以通过系统的"设置"对整个系统的功能和参数进行调整。下面介绍系统的一些常见的功能设置。

1. 进入"设置"

单击桌面右上角的系统功能区，从弹出的列表中选择"设置"选项，如图2-36所示，可以进入"设置"界面。

2. "网络"设置

在"网络"选项卡中，如图2-37所示，可以打开或关闭网卡、手动配置某网卡的IP地址、设置VPN（虚拟专用网）参数、设置网络代理的参数等，关于网络的设置，将在后面的章节进行详细介绍。

图 2-36

图 2-37

3. "通知"设置

在"通知"选项卡中，可以设置允许哪些应用程序弹出通知，是否允许在锁屏界面弹出通知或者开启"勿扰"模式，如图2-38所示。

图 2-38

4. "多任务"设置

在如图2-39所示的"多任务"选项卡中，可以设置"热区""激活屏幕边缘"选项，在其下方还能进行"工作空间"数量、"多显示器"以及"应用程序切换"等的相关设置。

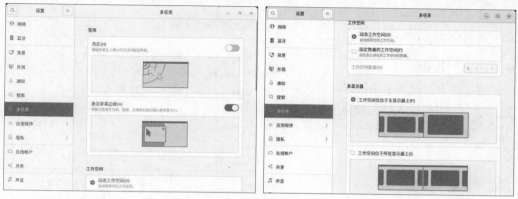

图 2-39

5. "应用程序"设置

在"应用程序"选项卡中会弹出所有程序的列表，可以设置应用程序默认关联的文件（打开方式）、应用程序是否允许通知、是否可以被搜索、一些特定应用的权限、配置和占用空间大小等。

6. "隐私"设置

在"隐私"选项卡中可以设置包括当前网络连接检查、管理定位功能、雷电接口的权限、文件历史、回收站自动清理时间和周期、熄屏时间、锁屏时间、锁屏通知、是否发送错误报告等涉及隐私的设置。如果在安全的环境中使用，可以在"屏幕"选项卡中关闭"自动锁屏"功能，如图2-40所示。

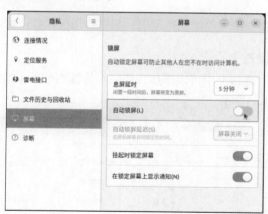

图 2-40

7. "在线账户"设置

在"在线账户"选项卡中可以使用一些常见的互联网账户登录Ubuntu服务器，用来同步一些个人参数设置等。

8. "共享"设置

在"共享"选项卡中，可以设置共享、远程桌面、媒体共享。

9. "声音"设置

在"声音"选项卡中可以设置声音音量、增益、声音输入输出设备，如图2-41所示。对于多声卡的用户来说，需要在此设置。

图 2-41

10. "电源"设置

在"电源"选项卡中可以设置系统采用哪种模式使用电源、熄屏时间、自动挂起等。如台式机可以使用均衡模式，笔记本电脑可以使用节电模式。

> **知识拓展**
>
> **挂起**
>
> 挂起相当于Windows中的睡眠，将当前处于运行状态的数据写入RAM（运行内存），让进程等待某个事件的到来再继续执行。可以通过键盘和鼠标可将计算机快速唤醒。

11. "键盘"设置

在"键盘"选项卡中可以设置键盘布局与输入法、输入法切换等。

12. "打印机"设置

在"打印机"选项卡中可以添加打印机、配置打印机参数，如图2-42所示。

13. "区域与语言"设置

在"区域与语言"选项卡中可以添加、删除及管理当前的系统语言、时间日期和货币的显示格式，如图2-43所示。

图 2-42

图 2-43

14. "辅助功能"设置

在"辅助功能"选项卡中可以对系统中的视觉警报、打字、指向和点击的默认样式和参数进行设置,如图2-44、图2-45所示。

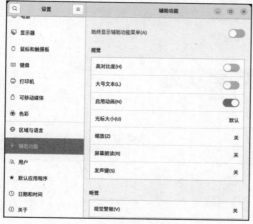

图 2-44

图 2-45

15. "用户"设置

在"用户"选项卡中可以设置修改用户名、密码、自动登录等操作,如图2-46所示。

图 2-46

注意事项 查看账号登录信息

在"账号活动"面板中,可以查看该账号的登录时间,如图2-47所示。

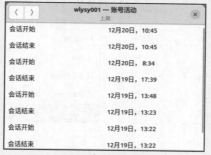

图 2-47

16. "默认应用程序"设置

和Windows的默认应用程序设置类似，在Ubuntu中，也可以设置一些文件或功能的默认打开应用，如浏览器、邮件、日历、视频、音乐、图片等，如图2-48所示。

图 2-48

17. "日期和时间"设置

在"日期和时间"选项卡中可以设置当前的日期、时间、时区、时间格式，也可以与Internet的时间服务器同步时间，如图2-49所示。

图 2-49

18. 查看"关于"

在"关于"选项卡中可以查看设备的硬件信息，如设备名、内存大小、处理器信息、显卡信息等（图2-50），以及软件信息，如操作系统的名称、类型等（图2-51）。

图 2-50

图 2-51

2.3 系统软件的使用

在默认安装好的Ubuntu中，已经配备了正常使用系统所需要的各种软件，如浏览器、办公软件、计算器、图片等。在使用前建议先进行软件的更新。

2.3.1 图形界面更新软件源

由于地理位置和访问人数的关系，直接从Ubuntu等Linux发行版的官网进行软件的更新和下载会相对很慢。所以有很多镜像站提供各种开源系统和软件的升级和下载服务，用来提高用户的使用体验。在安装Ubuntu后，建议更改软件下载、升级所在的服务器地址，更改的过程也就是常说的更改软件源。

以前通常是通过修改软件源的配置文件来配置软件源。这种方法需要具有一定的Linux系统操作基础，而且容易配置错误。Ubuntu除了支持该种方式外，还提供了图形化的界面来更改软件源，并且支持软件源速度的自动检测，自动选择最快的软件源，非常方便。下面介绍具体的操作步骤。

Step 01 双击Super按钮，打开"所有程序"界面，找到并单击"软件和更新"图标，如图2-52所示。

Step 02 在"Ubuntu软件"选项卡中，单击"下载自"下拉按钮，在弹出的菜单中选择"其他"选项，如图2-53所示。

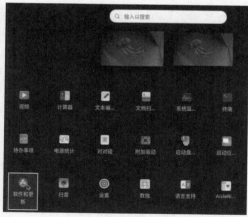

图 2-52

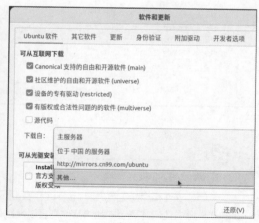

图 2-53

注意事项 软件的分类

在选择镜像源时，上面有"可从互联网下载"板块，将软件分为四种，用户根据需要选择需要的软件类型。从这里可以看到Ubuntu自由和开源，但并不排斥专有软件和有版权的软件，只是官方不提供后续的支持和服务。

Step 03 在弹出的"选择下载服务器"界面中单击"选择最佳服务器"按钮，如图2-54所示。

Step 04 Ubuntu测试所有的镜像源地址，并测试对方的速度，如图2-55所示。

图 2-54

图 2-55

　　Step 05 测试完毕，会自动将光标定位到最快的镜像源，单击"选择服务器"按钮，如图2-56所示。

　　Step 06 输入当前用户密码后单击"认证"按钮，如图2-57所示。

图 2-56

图 2-57

知识拓展

更新软件列表

　　关闭"软件和更新"界面时，Ubuntu会提示需要更新软件列表信息，这是由于Ubuntu需要到新的软件源去读取并更新本地的软件列表以及缓存，而不是更新软件。单击"重新载入"按钮即可启动列表的更新，如图2-58所示。

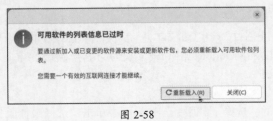

图 2-58

2.3.2 在图形界面更新系统和软件

在更新了软件源后，就可以更新系统以及软件。

Step 01 使用Super+A组合键打开
"所有程序"界面，从中找到"软件更新器"图标并单击，如图2-59所示。

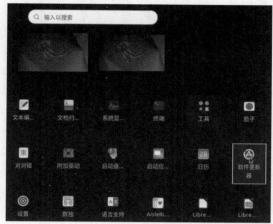

图 2-59

Step 02 软件更新器会自动检查本地软件与服务器的软件列表，并弹出需要更新的软件或内核，单击"立即安装"按钮，如图2-60所示。

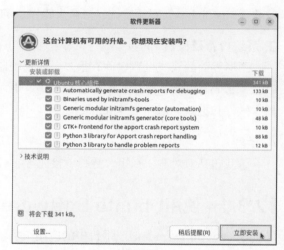

图 2-60

软件更新器会自动下载并安装所有更新，完成后重新启动Ubuntu，即可完成更新。

2.3.3 系统自带的常用软件

在"所有程序"界面，会显示所有在Ubuntu中安装的软件。根据不同的种类，可以将软件分为以下四类。

1. 办公软件

办公软件包括开源的Libre Office系列，和Microsoft Office的功能几乎一致，如文字处理Writer、表格处理Calc、演示文稿Impress、绘图Draw、公式Math等，如图2-61、

图2-62所示，以及邮件客户端Thunderbird、文本编辑器gedit、待办事项、计算器等。

图 2-61

图 2-62

2. 多媒体软件

多媒体软件包括常见的火狐浏览器Firefox、图片查看和管理工具Shotwell、音乐播放软件Rhythmbox、视频软件、摄像头软件、BT客户端软件Transmission等。

3. 系统查看及设置

图形界面的系统设置软件有很多，如系统监视器、终端、工具文件夹（网络配置、磁盘、密码与密钥、日志、归档管理等）、电源统计、附加驱动、语言支持、软件更新器、软件和更新、远程工具Remmina等。

4. 游戏

游戏包括对对碰、扫雷、数独、接龙等，可以让用户在工作之余休闲放松一下。

2.3.4　使用Ubuntu Software管理软件

Ubuntu Software类似于手机中的应用市场，可以通过图形界面方便地安装软件，而不需要烦琐地使用命令。随着Ubuntu生态圈的发展，Ubuntu Software中的软件也越来越多。

Snap Store

Ubuntu Software是老版本的Ubuntu内置的Snap Store，是一个Linux下的软件商店，属于Ubuntu应用生态的一个重要组成部分。

1. 使用 Ubuntu Software 下载及安装软件

使用Ubuntu Software下载及安装软件非常方便。

Step 01 打开Ubuntu Software后，单击左上角的"搜索"按钮，输入搜索的软件内

容，如QQ，可以显示所有商店中含有QQ
关键字的软件，从中选择需要的软件，如
图2-63所示。

图 2-63

Step 02 在软件介绍界面单击"安装"
按钮，如图2-64所示，即可下载与安装。

图 2-64

安装完毕后可以从"所有程序"界面找到，如图2-65所示，单击后即可启动，如
图2-66所示。

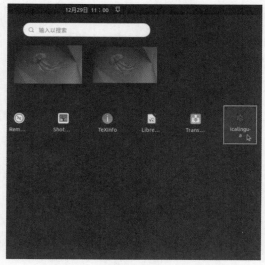

图 2-65

图 2-66

2. 使用 Ubuntu Software 更新软件

在"更新"选项卡中，查看所有的软件更新，单击"全部更新"按钮，启动软件的下载和更新，如图2-67所示。

图 2-67

如果使用Ubuntu Software更新软件发生错误，可以在终端中使用"sudo killall snap-store"命令关闭商店，然后使用"sudo snap refresh snap-store"命令刷新并更新商店即可，如图2-68所示。

图 2-68

动手练 使用Ubuntu Software卸载软件

在Ubuntu Software中，可以在"已安装"选项卡中查看所有已经安装的软件，单击对应软件后的"卸载"按钮，如图2-69所示。在确认界面单击"卸载"按钮，如图2-70所示，启动卸载。

图 2-69

图 2-70

2.4 远程管理Linux

作为服务器系统来说，除了本地管理外，还需要提供远程管理的功能。对于同一类型的服务器，一般会有专业的软件进行统一管理。而对于大多数普通用户来说，需要管理的服务器并不多，远程桌面以及SSH远程连接是经常使用的方式。

2.4.1 使用远程桌面连接Ubuntu

远程桌面在Windows中使用较多，在Ubuntu中，远程桌面的部署更加方便简单。

Step 01 进入Ubuntu的"设置"界面，切换到"共享"选项卡，单击右上角的"开关"按钮 开启配置，如图2-71所示。

Step 02 启动后，选择"远程桌面"选项，如图2-72所示。

图 2-71

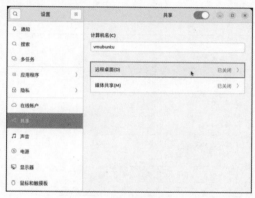

图 2-72

Step 03 在"远程桌面"界面启动"远程桌面"功能按钮，并启动"远程控制"功能按钮，修改远程访问密码，如图2-73所示，完成后关闭该界面，完成配置。

图 2-73

Step 04 在Windows中，搜索并启动远程桌面连接客户端，输入Ubuntu系统的IP地址，如图2-74所示。

图 2-74

Step 05 输入认证时设置的用户名以及密码，单击"确定"按钮，如图2-75所示。如果用户名密码正确，会弹出远程桌面，如图2-76所示。

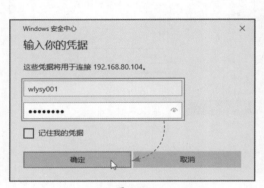

图 2-75

图 2-76

2.4.2 使用SSH远程管理Ubuntu

SSH为Secure Shell的缩写，专为远程登录会话和其他网络服务提供安全性的协议。利用SSH协议可以有效防止远程管理过程中的信息泄露问题。传统的网络服务程序，如FTP、POP和Telnet在本质上都是不安全的，因为它们在网络上用明文传送口令和数据。通过使用SSH，用户可以把所有传输的数据进行加密，还能够防止DNS欺骗和IP欺骗。

使用SSH，还有一个额外的好处，就是传输的数据是经过压缩的，所以可以加快传输的速度。Ubuntu默认并没有安装SSH，需要先安装服务端，才能使用。

Step 01 在桌面上右击，在弹出的快捷菜单中选择"在终端中打开"选项，如图2-77所示。

图 2-77

Step 02 在终端窗口中输入命令sudo apt install openssh-server，按回车键并验证身份后启动安装，如图2-78所示。

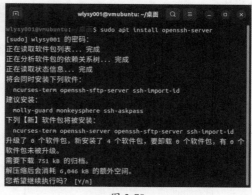

图 2-78

Step 03 安装完毕后，在Windows启动命令提示符界面输入命令来连接。命令格式为"ssh 用户名@服务器IP地址"，如图2-79所示。

图 2-79

Step 04 输入yes后按回车键确认，如图2-80所示。

图 2-80

按提示输入该账户的密码，完成连接，接下来可以像在本地使用一样管理Ubuntu服务器，如图2-81所示。

图 2-81

注意事项 连接报错

同一服务器在一段时间后再连接时，虽然账户密码输入正确，但会弹出错误信息，大部分原因是服务器的公钥发生了变化，而之前保存的私钥无法验证，就会弹出警告信息。此时可以到客户机的"C:\Users\用户名\.ssh\"中，将"known_hosts"文件删除，并再次登录即可。

Ubuntu Linux操作系统标准教程（实战微课版）

前面介绍的两种远程管理大部分情况都是在局域网中使用。如果要跨局域网使用，就需要第三方工具的支持，而且这种工具需要跨平台使用。

1. 使用 ToDesk 远程管理 Ubuntu

ToDesk是一款多平台远程控制软件，支持Windows、Linux、macOS、Android、iOS等主流操作系统的跨平台协同操作。ToDesk支持任何网络环境下的远程实现，4.0版本已经开放100台设备列表。4.3.0版本针对清晰度、色彩的要求比较高的设计、技术人群，提升画质，画质的最高分辨率可达2K，最高视频帧率可达30帧/s。4.6.0版本目前推出的全新功能：全球网络节点、游戏手柄、4：4：4真彩、数位板、多屏操作、虚拟屏、高性能套餐，全方位满足更多使用需求。最重要的是，通过这种第三方软件，可以在任意位置实现远程主机的管理。要在Ubuntu中使用ToDesk，可以到官网下载。

Step 01 在官网中，找到Debian/Ubuntu/Mint版本进行下载，如图2-82所示。

Step 02 在"下载"目录中，启动终端窗口，输入安装命令"sudo apt install ./todesk-v4.3.1.0-amd64.deb"进行安装，如图2-83所示。

图 2-82

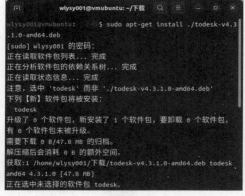

图 2-83

Step 03 安装完毕后，在"所有程序"界面找到ToDesk图标，并单击启动，如图2-84所示。

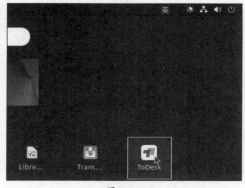

图 2-84

Step 04 在软件主界面上，记住设备ID号和临时密码，如图2-85所示，发送给对方。

图 2-85

主控方在安装了ToDesk客户端后，通过ID号和密码就可以进行远程连接，如图2-86所示。

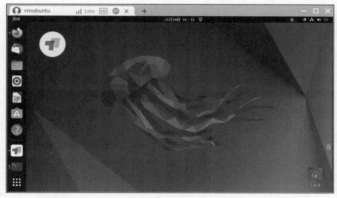

图 2-86

2. 使用 PuTTY 远程管理 Ubuntu

PuTTY是一个集合了Telnet、SSH、rlogin、纯TCP，以及串行接口连接软件。随着Linux在服务器端应用的普及，Linux系统管理越来越依赖于远程。在各种远程登录工具中，PuTTY是出色的工具之一。用户可以到官网下载该软件的对应版本。如在Windows中使用PuTTY远程管理Ubuntu，可以按下面的步骤进行。

Step 01 启动该软件后，输入远程服务器的IP地址，如图2-87所示。

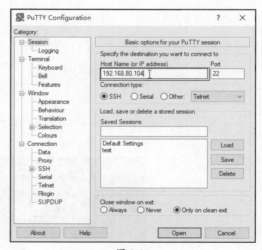

图 2-87

61

Step 02 在Connection选项卡中，将保持时间设置为60，如图2-88所示。

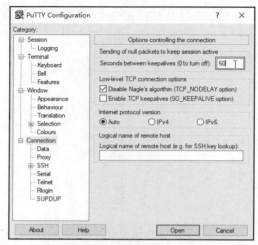

图 2-88

Step 03 在Connection下的Data选项卡中输入登录的用户名，这样就不用每次都输入用户名了，如图2-89所示。

Step 04 回到Session选项卡，输入一个名称，单击Save按钮，将当前的所有设置保存起来，如图2-90所示。

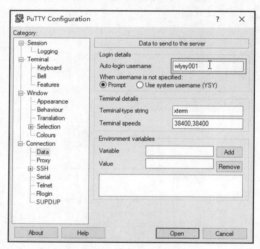

图 2-89

图 2-90

配置完毕，单击Open按钮，启动客户端远程连接，如图2-91所示。

图 2-91

第3章

终端窗口的使用

前一章在介绍安装服务、安装软件时，输入命令的黑色框体即为终端窗口。终端窗口在Linux中被广泛使用，主要用于与用户交互、执行命令、查看结果。深入学习Linux，有必要熟练掌握终端窗口的使用方法，以便在控制台环境、SSH环境中远程管理服务器时使用。

重点难点

- 终端窗口的含义
- 终端窗口的常见操作
- 命令基础操作
- 在终端窗口中安装及卸载软件

3.1 终端窗口

在学习Linux时，各种文献及教程经常出现命令行模式、终端、Shell、TTY等术语，下面详细介绍这些术语的含义。

3.1.1 命令行模式

命令行模式也叫作命令行界面（Command Line Interface，CLI），是与图形用户界面（Graphical User Interface，GUI）相对应的。命令行模式一般不能使用鼠标操作，而是通过键盘输入指令，获取返回结果，完成人机交互。例如常见的Windows的命令行模式，如图3-1所示，以及功能更加强大的PowerShell，如图3-2所示。

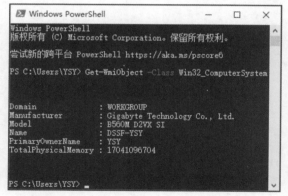

图 3-1

图 3-2

图形界面友好，操作方便、简单，更容易上手。与图形界面相比，命令行模式需要记住大量的命令、命令的选项与参数，门槛相对较高。但占用资源少，命令的执行效率高，开发配置方便，可以适配各种设备。所以在操作系统中都有命令行模式提供给用户使用。

Ubuntu Linux操作系统标准教程（实战微课版）

3.1.2 终端及终端模拟器

终端窗口的出现与终端、终端模拟器的发展是密切相关的。

1. 终端与控制台

终端是一种接受用户输入指令及信息，传送给计算机，并将计算机的计算结果呈现给用户的设备，如图3-3所示。最早的计算机价格很高，因此为了充分利用计算机资源，一般都支持多用户同时登录。这样一台计算机就需要连接很多键盘和显示器来供多人使用。在以前专门有这种能直接连接到计算机上的设备（键盘和显示器），使用简单的通信电路进行连接（通常是串口），这个电路只是用来提供数据的传输和显示，没有处理数据的能力，只负责连接到计算机上。通过串口连接到计算机的设备就叫作终端。

控制台是一种特殊终端，与计算机主机是一体的，是计算机的一个组成部分，系统管理员用来管理计算机，权限比普通终端要大得多，一台计算机只有一个控制台。后来随着个人计算机的普及，终端和控制台的界线逐渐模糊，现在两者被看作是同义词。

图 3-3

2. 终端模拟器

随着计算机技术的发展及设备的普及，终端硬件逐渐消失。但也造成了无法与图形接口兼容的命令程序，不能直接读取输入设备的输入，也无法将结果显示到显示设备上。此时需要一个特殊的程序来模拟传统终端的功能，终端模拟器也叫终端仿真器，现在人们所说的终端一般指的是终端模拟器。

对于命令行程序，终端模拟器会"假装"成一个传统终端设备；对于现代的图形接口程序，终端模拟器会"假装"成一个GUI程序。一个终端模拟器的标准工作流程如下。

①捕获用户的键盘输入。

②将输入发送给命令行程序（程序认为这是从一个真正的终端设备输入的）。

③拿到命令行程序的输出结果。

④调用图形接口，将输出结果渲染至显示器。

常见的终端模拟器如Linux的Konsole，GNOME的Teminal程序（图3-4），macOS的Terminal.app、iTerm2，Windows的Win控制台、ConEmu等。

图 3-4

▌3.1.3 终端窗口与虚拟控制台

大部分的终端模拟器是在GUI环境中运行。Ubuntu还可以通过使用Ctrl+Alt+F1～F6组合键来切换图形界面和一种特殊的全屏终端界面，如图3-5所示。虽然这些终端界面不在GUI中运行，但它们也是终端模拟器的一种。这些全屏的终端界面与那些运行在GUI下的终端模拟器的唯一区别就是它们是由操作系统内核直接提供的。这些由内核直接提供的终端界面叫作虚拟控制台，而运行在图形界面上的终端模拟器则叫作终端窗口，除此之外并没有什么差别。

图 3-5

TTY

TTY是终端的统称，TTY是最早作为终端的"电传打字机"的英文缩写。

由于没有统一的标准，所以在日常引用或介绍时，命令行模式、命令行窗口、命令窗口、字符环境、终端、终端命令、字符界面、虚拟控制台、终端窗口等，都是指的同一个对象，并且因为在图形界面中使用较多，所以下面都以最常见的名词表述"终端窗口"，代表上述所有的内容。

▌3.1.4 Shell环境

Shell在计算机领域中称为壳（区别于内核），是系统与外部最主要的接口。一般操作系统并不包含与用户交互的功能，用户和操作系统进行交互时需要通过Shell程序，所以Shell是指"为使用者提供操作界面"的软件。它接收用户命令，然后调用相应的应用程序。

同时Shell又是一种程序设计语言。作为命令语言，它交互式解释和执行用户输入的命令，或者自动解释和执行预先设定好的一连串的命令；作为程序设计语言，它定义了各种变量和参数，并提供许多在高级语言中才具有的控制结构，包括循环和分支。

1. 图形界面 Shell 与命令行式 Shell

图形界面Shell提供一个图形用户界面，例如常见的Windows Explorer。Linux的Shell常见的有X Window Manager，以及功能更强大的GNOME、KDE等。

传统意义上的Shell指的是命令行式的Shell。命令行式的Shell包括Windows中的命令提示符界面、PowerShell等，UNIX和类UNIX中的sh、ksh、csh、tcsh、bash等。

代表性的Shell

Shell来源于UNIX，最早的交互式Shell是B Shell（bash），接着出现了C Shell、K Shell。现在的Shell版本基本上是以上三种Shell的组合和扩展，其中最有名的是bash，用来替代B Shell。bash是GNU计划的一部分，大多数Linux使用bash，包含很多以往Shell的优点，并且具有命令历史显示、命令自动补齐、别名扩展等功能。

2. 交互式 Shell 与非交互式 Shell

交互式Shell是Shell等待用户的输入，并且执行用户提交的命令。这种模式也是大多数用户非常熟悉的：登录、执行一些命令、签退。用户签退后，Shell也就终止了。

Shell也可以运行在另外一种模式：非交互式模式。在这种模式下，Shell不与用户进行交互，而是读取存放在文件中的命令并且执行。当它读到文件的结尾，Shell也就终止了。

3.2 终端窗口的常见操作

在Linux的图形界面中，通过终端窗口可以方便地使用及管理系统，如安装程序、配置程序等。尤其是在使用Linux的服务器中，终端窗口和虚拟控制台被广泛使用（命令也是通用的），所以Linux管理人员必须能熟练地使用终端窗口。

▌3.2.1　启动与关闭终端窗口

在Ubuntu的图形界面中，启动终端窗口的方法主要有三种，并且可以在同一个系统中打开多个独立的终端窗口，互不干扰，独立运行。

1. 从菜单启动终端窗口

在Ubuntu图形界面的桌面上右击，在弹出的快捷菜单中选择"在终端中打开"选项，如图3-6所示，可以快速打开终端窗口，如图3-7所示。

图 3-6　　　　　　　　　　　　　　　　　　　图 3-7

注意事项 **不同位置打开终端窗口**

除了在桌面上，在任意目录中，以及在鼠标右键菜单中，也有"在终端中打开"选项。不同目录和桌面打开的终端窗口的功能相同，只是当前路径不同，在使用命令时的路径引用也会不同，需要注意。关于路径，将在后面的章节详细介绍。

2. 通过快捷菜单打开

除了菜单外，用户也可以使用Ctrl+Alt+T组合键打开终端窗口，与使用菜单不同，无论在任何位置使用组合键打开终端窗口，其路径都是在该用户的主目录中，而通过菜单打开，路径是在打开的当前位置中。

3. 通过"所有程序"界面打开

使用Super+A组合键打开"所有程序"界面，可以在其中单击"终端"图标来启动终端窗口，如图3-8所示。

图 3-8

重复新建

在打开的终端窗口上，使用Ctrl+Shift+N组合键可以快速打开新的独立终端窗口。

4. 关闭终端窗口

用户可以单击终端窗口右上角的 × 按钮来关闭终端窗口。Ctrl+D、Ctrl+Shift+Q以及最常用的Alt+F4组合键都可以关闭终端窗口。

动手练 多标签的操作

在同一个终端窗口中，还可以像浏览器一样创建多个标签页。单击终端窗口左上角的 按钮，如图3-9所示，可以创建新的标签页，如图3-10所示。

图 3-9

图 3-10

创建了多个标签后，可以通过使用Ctrl+PgDn组合键向后切换标签页，通过使用Ctrl+PgUp组合键向前切换标签页，通过单击标签后方的 × 按钮来关闭标签页。

3.2.2 界面的设置

终端窗口的界面也可以根据用户的需要进行自定义，例如调整界面字体的大小、窗口的颜色、快捷键等。

1. 调整终端窗口字体的大小

如果感觉界面显示的字体过小，可以使用Ctrl+Shift+=（也就是Ctrl++）组合键放大界面字体，如图3-11所示。

图 3-11

使用Ctrl+-组合键来缩小界面字体，如图3-12所示。但这种调整，仅限于当前的窗口，如果要长期生效，需要在窗口配置中进行设置。

图 3-12

知识拓展

恢复字体默认大小

通过使用Ctrl+0组合键可将字体恢复默认大小。

2. 创建配置首选项

如果需要独特的终端窗口及显示的字体、快捷键以及配置，可以在"首选项"中进行设置。配置步骤如下。

Step 01 打开终端窗口，单击界面右上角的■按钮，从弹出的列表中选择"配置文件首选项"选项，如图3-13所示。

Step 02 在"常规"选项卡中，可以配置主题类型、新终端打开位置以及新选项卡的位置等，如图3-14所示。

图 3-13

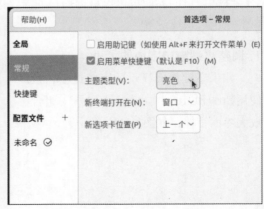

图 3-14

Step 03 在"快捷键"选项卡中，可以查看并配置所有的命令窗口用到的功能的组合键，也可以修改这些组合键，如图3-15所示。

Step 04 在"未命名"选项卡中单击下拉箭头，选择"复制"选项，如图3-16所示。

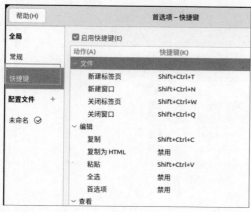

图 3-15

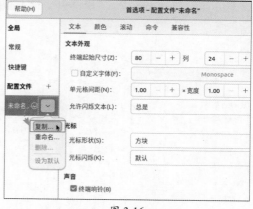

图 3-16

注意事项 复制配置

在Linux的使用过程中，一般不建议直接修改默认配置文件的参数，如果出现问题，处理起来比较麻烦。一般会将默认配置进行复制，修改后使用。

Step 05 创建配置的名称，如"自定义"，单击"复制"按钮，如图3-17所示。

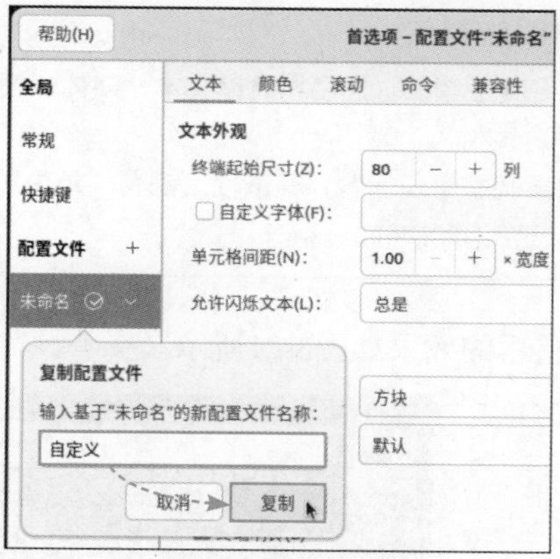

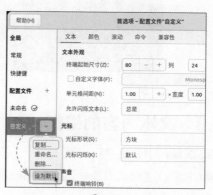

图 3-17

Step 06 在"自定义"下拉按钮中选择"设为默认"选项，如图3-18所示。

图 3-18

Step 07 接下来，根据需要在右侧的选项卡中设置文本的大小、样式、颜色、滚动参数、命令和兼容性等，如图3-19、图3-20所示。

图 3-19　　　　　　　　　　　　　　　　　　　　图 3-20

　　调整后的效果如图3-21所示。

图 3-21

3.2.3　文本内容的操作

　　在终端窗口中，用户可以输入命令，也可以将命令粘贴到窗口中，或者将窗口中的文本提取出来，这时就需要使用复制粘贴功能。这里涉及三个操作：文本内容的选择、复制和粘贴。

1. 文本内容的选择

在终端窗口中，通过按住鼠标左键拖动的方式将需要的内容选中。此时选中的内容会反选显示，如图3-22所示。

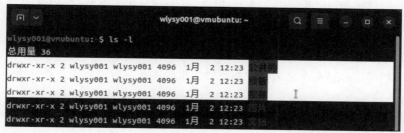

图 3-22

知识拓展

选择整词和整行

另外，和Word类似，双击可以选择连续的词语，三击可以选择一整行。

2. 文本内容的复制

在终端窗口中选择了内容后，右击，在弹出的快捷菜单中可以选择"复制"选项，将内容复制到剪贴板，如图3-23所示，然后在需要的位置粘贴即可。

注意事项 复制的快捷键

在Ubuntu中，复制的组合键是Ctrl+Shift+C，与Windows中的不同，需要注意。

动手练 文本内容的粘贴

如果需要将文本或命令复制到终端窗口中，可以先复制好文本或命令后，在终端窗口右击，在弹出的快捷菜单中选择"粘贴"选项，如图3-24所示。终端窗口的粘贴组合键是Ctrl+Shift+V，也与Windows中的不同。

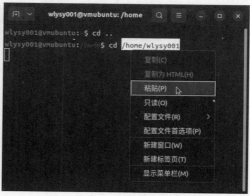

图 3-23　　　　　　　　　　　　　　　　图 3-24

3.2.4 终端窗口的清空

在终端窗口使用过程中，难免会有输入错误、屏幕被信息占满的情况发生。虽然可以再打开新的终端窗口，但也有很多特殊情况，如需要录制屏幕、截取特定屏幕等。用户可以通过以下几种方法，快速清空Ubuntu终端窗口中的内容。

1. 使用命令清空终端窗口

用户可以使用clear命令来清空终端窗口，执行该命令后，会清空所有信息，并重新生成命令提示符。

2. 使用组合键清空终端窗口

相对来说，组合键清空的灵活性就大很多。使用Ctrl+L组合键后，终端窗口会将所有的内容隐藏，并另起一空白页，但用户可以通过鼠标滚轮查看隐藏起来的内容。

3. 刷新终端窗口

用户还可以使用reset命令完全刷新终端窗口，过程较慢，效果和clear命令一样。

3.3 命令基础

在终端窗口中可以使用各种命令，根据不同的命令，具体的命令格式和参数有不同的使用方式，但基本规则是相同的。下面介绍在终端窗口中使用命令的方法和技巧。

3.3.1 命令提示符

打开终端窗口，执行了命令后，会自动生成或重新生成一段代码，这串代码就是命令提示符，如图3-25所示，在终端窗口的标题栏中，也会有同样的命令提示符的显示。具体的含义如下。

图 3-25

①wlysy001：当前登录系统的用户名。单用户名称就是在安装Ubuntu时设置的用户名。Ubuntu为了安全，不允许使用root（超级管理员）登录。

注意事项 root用户

root是超级管理员用户，类似于Windows中的Administrator。root用户的权限非常大，所以很多Linux都对该账户进行了限制。

② "@"：分隔符。

③ vmubuntu：计算机名称。在安装操作系统时可以设置，安装操作系统后，可以在"设置"中修改。

④ "："：分隔符号。

⑤ "~"：用户当前所处的目录的绝对路径，"~"代表当前用户的主目录。绝对路径、主目录等专业术语将在后面的章节详细介绍。

⑥ "$"：代表当前登录的用户类型。"$"代表普通用户，"#"代表root用户。

3.3.2　命令格式

Ubuntu的命令由命令名称、选项、参数组成，命令的语法如下。

【语法】

命令 [-选项] [参数]

例如，查看主目录中的文件及文件夹列表的命令，如图3-26所示。

图 3-26

①命令：必需，不同的命令有不同的功能和执行效果。使用时都要以命令开头。本例中的命令是ls（显示文件或目录信息，可单独使用）。

②选项：可选，命令相同，选项不同，也会有不同的效果。通常选项前需要加上"-"符号。本例中"-l"为显示详细信息。命令可以跟随多个选项。

选项分为长选项和短选项，长选项使用"--"引导，一般都是完整的单词，通常不能组合使用，长选项后通常使用"="，再加上参数。短选项使用"-"引导，有些短选项可以不加引导，多个短选项也可以组合使用，多个短选项前加入一个"-"符号引导。在本例中，在"-l"的基础上，还可以加上"-a"（显示所有文件或目录，包括隐藏的），或者组合使用，如"-la"。

③参数：可选，参数可以是选项的参数，也可以是整个命令的参数，是命令的执行目标、执行方式等。参数的内容可以是路径、文件名、设备名等。本例中，参数就是路径"/home/wlysy001/"。

另外在Linux中，命令和选项有时还可以有缩写的情况，例如，"ls -l"可以缩写为ll，"ls -a"可以缩写为la，具体哪些命令和选项的组合可以使用，可以参考命令的说明文件。

注意事项 **命令大小写**

和Windows不同，Linux严格区分大小写，包括命令、选项、参数（文件名、目录名、路径等）等，命令基本上使用小写，读者需要注意。

3.3.3　获取帮助信息

Linux的命令非常多，每个命令又有多个选项。要记住难度非常大。Linux的开发者考虑到了这个问题，为使用者提供了多种帮助方式和便捷的操作方法。下面介绍在Linux中获取帮助信息的方法。

1. 使用 help 命令

help命令可以帮助使用者查看内建命令的用途和使用方法。所谓内建命令，就是由bash自身提供的命令，而不是文件系统中的某个可执行文件，只要在Shell中就一定可以运行这个命令。

【语法】

help [内建命令]

知识拓展

判断内建命令

用户可以使用"type 命令名"来判断某命令是否是内建命令。如判断cd命令是否是内建命令，执行效果如图3-27所示。

图 3-27

动手练 **查看pwd命令的使用方法**

使用命令"help pwd"可以查看该命令的使用方法，执行结果如下。

```
wlysy001@vmubuntu:~$ help pwd
pwd: pwd [-LP]
    打印当前工作目录的名字

    选项：
```

-L 打印 $PWD 变量的值，如果它包含了当前的工作目录

-P 打印当前的物理路径，不带有任何的符号链接

默认情况下，'pwd' 的行为和带 '-L' 选项一致

退出状态：

除非使用了无效选项或者当前目录不可读，否则返回状态为 0

2. 使用长选项 help

使用help长选项，可以查看内建命令的信息，也可以查看外部命令的帮助文档。因为是长选项，所以在使用时在命令后要加上"--"，也就是"--help"。

【语法】

命令名称 --help

外部命令

与内建命令相对的是外部命令，有时也被称为文件系统命令，是存在于bash shell之外的程序。外部命令程序通常位于/bin、/usr/bin、/sbin或/usr/sbin中。外部命令需要使用子进程来执行。

动手练 查看mkdir命令的使用方法

可以使用type命令确定mkdir是内部还是外部命令，使用长选项"--help"可以了解mkdir的用法，执行效果如下。

```
wlysy001@vmubuntu:~$ type mkdir          // 检查命令类型
mkdir 是 /usr/bin/mkdir                   // 外部命令
wlysy001@vmubuntu:~$ mkdir --help
用法：mkdir [ 选项 ]... 目录 ...
若指定＜目录＞不存在则创建目录
必选参数对长短选项同时适用
 -m, --mode= 模式  设置权限模式（类似 chmod），而不是 a=rwx 减 umask
 -p, --parents    需要时创建目标目录的上层目录，但即使这些目录已存在
             也不当作错误处理
 -v, --verbose    每次创建新目录都显示信息
 -Z             设置每个创建的目录的 SELinux 安全上下文为默认类型
    --context[=CTX] 类似 -Z，或如果指定了 CTX，则将 SELinux 或 SMACK 安全
             上下文设置为 CTX 对应的值
    --help          显示此帮助信息并退出
```

--version	显示版本信息并退出
……	

注意事项 本书的表达方式

　　在本书的执行结果中，会以"//文本内容"来解释前面或本行的命令或显示结果的含义，解释不会出现在实际使用中。读者在使用时也不要加上该内容。

　　如果显示过长，会以"……"省略不重要的或重复的内容，但在Linux中会全部显示。

3. 使用 man 查看操作手册

　　在UNIX和类UNIX中，为了让使用者更好地使用系统，会为用户提供操作手册和在线文档。所涉及的内容包括程序、标准、惯例以及抽象概念等，用户可以阅读学习。查看操作手册的命令是man。

　　【语法】

　　man 命令名

动手练 查看touch命令的帮助文档

　　touch是常用的外部命令，可以使用"man touch"命令查看touch的帮助文档，执行后的效果如图3-28所示。

　　执行后会启动全终端窗口的显示模式，而非正常的终端窗口。此时可以通过鼠标滚轮、空格键、上下翻页键、方向键查看帮助文档，如果要查看man本身的使用方法，可以按H键，如果要退出，按Q键即可。

图 3-28

3.3.4 使用历史命令

　　对于使用过的命令，在Linux中，可以按方向键（↑和↓）来逐条查看，按回车键执行该命令。如果要在同一屏幕查看所有的历史记录，可以使用命令history执行效果，如图3-29所示。

图 3-29

在列表中，命令前都有其序号。用户如果要使用某行的命令，可以使用"！+序号"的形式来调用。如调用第5行重启命令reboot，则输入"!5"即可。

从原理上来说，在Linux中，会将以往使用的所有命令，保存到该用户主目录的一个隐藏文件".bash_history"中，其中的内容如图3-30所示。

图 3-30

可以看到和历史记录是相同的。用户可以使用history -c清空当前终端窗口的历史命令，但打开新窗口仍然能查看到历史命令。如果要彻底清空命令的历史记录，可以删除".bash_history"文件。

3.3.5 Tab键的高级功能

在Linux中，有一个非常实用的功能就是补全功能。在输入命令时，不需要输入全部，只需要输入到可以确定命令的唯一性的字段时，可以通过Tab键补全所有的命令。例如输入重启命令reboot，只需输入reb，再按Tab键就可以补全整个命令。这种方法也适用于命令的参数，如文件名、路径等。可以简化输入，防止输入错误。

Tab键补全需要输入的字符满足其唯一性。如果不满足，例如只记得命令的开头，或者想查询以输入内容作为开头的所有命令或者参数时，可以连续按两次Tab键，此时系统会将以输入内容作为开头的所有匹配内容全部显示出来。这在安装应用时非常实用，如图3-31所示。

图 3-31

3.3.6 重启及开关机

在Linux图形界面中，可以通过菜单中的按钮重启或关机。在终端窗口或者虚拟控制台中，可以使用各种命令执行重启或关机。

1. reboot 命令

reboot命令执行后，可以完成主机的重启。

2. poweroff 命令

poweroff命令执行后，可以完成主机的关机。

3. shutdown 命令

Linux中的shutdown命令和Windows中的shutdown命令的作用和用法类似。

【语法】

shutdown [选项] [时间]

【选项】

-h：停止系统服务并关闭系统。

-r：停止系统服务并重启系统。

-t：后跟时间，在规定时间后关机或重启。其中时间格式可以是"+n"，在n分钟后的"具体时刻"。

now：现在，立即。

知识拓展

不带选项

shutdown不带选项，会自动生成一个1min后关机的任务，如图3-32所示，可以使用"shutdown -c"命令取消关机任务。

图 3-32

动手练 立即重启计算机

立即重启计算机，需要"-r"选项，命令如下：

wlysy001@vmubuntu:~$ shutdown -r now

动手练 立即关闭计算机

立即关闭计算机，命令执行如下：

wlysy001@vmubuntu:~$ shutdown now

4. halt 命令

halt命令可以快速关闭计算机。

【语法】

halt [选项]

【选项】

-f：强制关机。

动手练 使用halt命令关闭系统

直接使用"halt"命令，相当于执行"shutdown -h"命令，会停止所有系统服务，然后关闭Ubuntu。使用参数"-f"会强制关闭。因为halt需要管理员权限，所以在命令前需要加上sudo。

```
wlysy001@vmubuntu:~$ sudo halt
```

注意事项 sudo

由于root用户的权限过大，为了保障Linux系统的安全，很多发行版不允许使用root用户登录。但很多命令需要有管理员权限才能执行，所以通过sudo来临时提权（在命令前加上sudo即可），仅需要验证当前用户的密码，就可以使用root权限。关于sudo，将在后面章节详细介绍。

5. init 命令

init在系统中有独立的进程，属于系统进程，是系统启动后由内核创建的第一个进程，进程号为1，在系统的整个运行期间具有相当重要的作用。init有7级，其中，0代表关机，6代表重启。shutdown就是调用init来关机的。

【语法】

init [选项]

【选项】

0：关机。

6：重启。

动手练 使用init命令重启系统

```
wlysy001@vmubuntu:~$ init 6
```

3.4 安装及卸载软件

前面介绍了在图形界面中配置软件源，在Ubuntu Software中搜索、下载、安装、卸载软件的过程。在终端窗口中，同样可以完成以上的所有操作。在了解了命令的使用方法后，接下来介绍在终端窗口中如何配置软件源以及安装及卸载软件的步骤。

3.4.1 软件源的配置

如果服务器没有图形界面，只能在虚拟终端中配置软件源，才能正常地通过软件源下载及更新软件。下面介绍软件源的配置及更新。

Linux的各种配置均是以文件的形式存在。软件源的配置也是通过修改对应的配置文件来实现。软件源的配置文件在"/etc/apt/sources.list"中，打开后如图3-33所示。在Ubuntu中，可以使用vi软件编辑配置文件。

```
wlysy001@vmubuntu: ~
# deb cdrom:[Ubuntu 22.04.1 LTS _Jammy Jellyfish_ - Release amd64 (20220809.1)]/ jammy main restricted

# See http://help.ubuntu.com/community/UpgradeNotes for how to upgrade to
# newer versions of the distribution.
deb http://mirrors.cn99.com/ubuntu/ jammy main restricted
# deb-src http://cn.archive.ubuntu.com/ubuntu/ jammy main restricted

## Major bug fix updates produced after the final release of the
## distribution.
deb http://mirrors.cn99.com/ubuntu/ jammy-updates main restricted
# deb-src http://cn.archive.ubuntu.com/ubuntu/ jammy-updates main restricted

## N.B. software from this repository is ENTIRELY UNSUPPORTED by the Ubuntu
## team. Also, please note that software in universe WILL NOT receive any
## review or updates from the Ubuntu security team.
deb http://mirrors.cn99.com/ubuntu/ jammy universe
# deb-src http://cn.archive.ubuntu.com/ubuntu/ jammy universe
deb http://mirrors.cn99.com/ubuntu/ jammy-updates universe
```

图 3-33

其中以行为单位，前面有"#"号代表该行内容不生效。

1. 软件源的结构

因为之前在图形界面更新过软件源，所以将图3-33所示的所有生效的内容提取出来后，内容如下。

deb http://mirrors.cn99.com/ubuntu/ jammy main restricted

deb http://mirrors.cn99.com/ubuntu/ jammy-updates main restricted

deb http://mirrors.cn99.com/ubuntu/ jammy universe

deb http://mirrors.cn99.com/ubuntu/ jammy-updates universe

deb http://mirrors.cn99.com/ubuntu/ jammy multiverse

deb http://mirrors.cn99.com/ubuntu/ jammy-updates multiverse

deb http://mirrors.cn99.com/ubuntu/ jammy-backports main restricted universe multiverse

deb http://mirrors.cn99.com/ubuntu/ jammy-security main restricted

deb http://mirrors.cn99.com/ubuntu/ jammy-security universe
deb http://mirrors.cn99.com/ubuntu/ jammy-security multiverse

2. 软件源内容的含义

分析并归纳后，可以将其语法总结如下：

deb http://镜像站网址/ubuntu/ 版本代号 main restricted universe multiverse

①其中main、restricted、universe、multiverse代表四种软件仓库。

- **main**：Canonical支持的自由和开源软件，免费且由官方维护。
- **restricted**：设备的专有驱动。收费，第三方维护，一般是品牌厂商。
- **universe**：社区维护的自由和开源软件。免费，社区维护。
- **multiverse**：有版权或合法性问题的软件。收费，第三方维护。

②除了软件仓库外，还有更新的等级，共四种。

- …… **版本代号**……。
- …… **版本代号-updates** ……：非安全性更新，不影响系统安全的bug修补，低风险。
- …… **版本代号-backports** ……：新软件的反向导出，新软件为老系统编译的版本。
- …… **版本代号-security** ……：重要的安全更新，仅修复漏洞，尽可能少地改变软件包的行为，低风险。

3. 查看官方说明

其实在软件源镜像站中，可以查询到更换为该网站软件源的说明，如南京大学开源镜像站中的Ubuntu更换软件源说明，如图3-34所示。

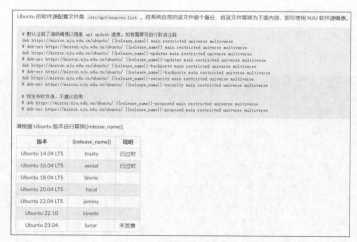

图 3-34

所以，软件源的更换通过4行代码即可实现。

动手练 手动写入软件源

手动写入软件源，可以按照以下步骤进行。

（1）备份原配置文件

在Linux中，对配置文件进行编辑，首先建议将原配置文件备份，如果修改错误，还原即可。使用复制命令，重命名即可，关于此部分用到的知识点将在后面详细介绍，命令的使用及效果如图3-35所示。

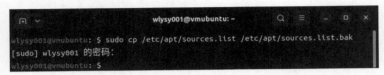

图 3-35

（2）禁用其他的源

使用"sudo vi /etc/apt/sources.list"命令进入文档的编辑界面，按I键进入编辑模式，来到当前生效的软件源所在行，在行前输入"#"，使该行不生效，如图3-36所示。

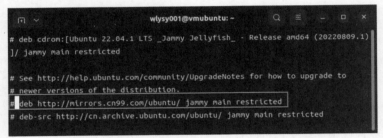

图 3-36

（3）写入新的软件源

可以手动输入，但更建议通过复制粘贴或修改的方式写入新的软件源，以免输入错误。格式可以参考官方说明，写入后如图3-37所示。

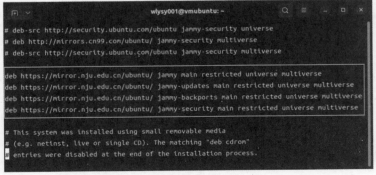

图 3-37

按Esc键，输入":wq"，保存并退出，到此软件源的手动写入更新完成。

使用命令替换源

所谓的换源，其实是直接将sources.list中的源的网址替换成所需的软件源的网址。

3.4.2 更新软件源及软件

配置好软件源后，可以从软件源获取最新的软件包信息，检查后可以实时更新本地的各种软件。

1. 更新软件列表

软件源中存放了软件的索引信息，包括软件包名称、版本等，提供给客户机进行对比和准备更新。输入命令"sudo apt update"更新该镜像源的所有软件列表，执行效果如下。

wlysy001@vmubuntu:~$ sudo apt update
获取 :1 https://mirror.nju.edu.cn/ubuntu jammy InRelease [270 kB]
获取 :2 https://mirror.nju.edu.cn/ubuntu jammy-updates InRelease [114 kB]
获取 :3 https://mirror.nju.edu.cn/ubuntu jammy-backports InRelease [99.8 kB]
……
获取 :102 https://mirror.nju.edu.cn/ubuntu jammy-security/multiverse amd64 c-n-f Metadata [228 B]
已下载 55.0 MB，耗时 6 秒 (9,575 kB/s)
正在读取软件包列表 ... 完成
正在分析软件包的依赖关系树 ... 完成
正在读取状态信息 ... 完成
有 12 个软件包可以升级。请执行 'apt list --upgradable' 来查看它们。

注意事项 apt update的作用

该命令并不直接更新软件，而是更新软件包的列表、软件的依赖关系、软件索引内容等，相当于Windows的"检查更新"功能。

2. 启动更新

使用命令"sudo apt upgrade"，根据索引内容和软件依赖关系判断软件是否需要更新，接着会下载更新、解压、安装更新、配置软件等。但如果软件包存在依赖问题时，将不会升级该软件包。该命令的执行效果如下。

wlysy001@vmubuntu:~$ sudo apt upgrade
[sudo] wlysy001 的密码：
正在读取软件包列表 ... 完成

正在分析软件包的依赖关系树 ... 完成

正在读取状态信息 ... 完成

正在计算更新 ... 完成

......

下列软件包的版本将保持不变：

  grub-common grub-pc grub-pc-bin grub2-common libnautilus-extension1a nautilus

  nautilus-data python3-update-manager update-manager update-manager-core

下列软件包将被升级：

  gnome-remote-desktop linux-firmware

升级了 2 个软件包，新安装了 0 个软件包，要卸载 0 个软件包，有 10 个软件包未被升级。

需要下载 240 MB 的归档。

解压缩后会消耗 76.8 KB 的额外空间。

您希望继续执行吗？ [Y/n] y

获取:1 https://mirror.nju.edu.cn/ubuntu jammy-updates/main amd64 gnome-remote-desktop amd64 42.7-0ubuntu1 [127 kB]

......

准备解压 .../gnome-remote-desktop_42.7-0ubuntu1_amd64.deb ...

正在解压 gnome-remote-desktop (42.7-0ubuntu1) 并覆盖 (42.4-0ubuntu1) ...

......

正在设置 gnome-remote-desktop (42.7-0ubuntu1) ...

正在处理用于 libglib2.0-0:amd64 (2.72.4-0ubuntu1) 的触发器 ...

知识拓展

软件包依赖关系

    所谓的软件包依赖关系是指在安装某个软件a时，会需要其他软件，如b、c、d的支持。在以前需要一个个手动安装，而现在的软件源可以自动判断所依赖的软件包，并自动安装，对用户而言简化了很多。

3. 解决依赖性更新

    如果软件存在依赖性的问题，可以使用"sudo apt dist-upgrade"命令解决依赖性的更新，执行效果如下。

```
wlysy001@vmubuntu:~$ sudo apt dist-upgrade
[sudo] wlysy001 的密码：
正在读取软件包列表 ... 完成
正在分析软件包的依赖关系树 ... 完成
正在读取状态信息 ... 完成
正在计算更新 ... 完成
下列软件包的版本将保持不变：
  grub-common grub-pc grub-pc-bin grub2-common libnautilus-extension1a nautilus
```

apt upgrade和apt dist-upgrade的区别

apt upgrade：将现有的软件包升级，如果有依赖性的问题，并且该依赖性需要安装其他新的软件包，或影响到其他软件的依赖性时，此软件包就不会被升级。

apt dist-upgrade:如果有依赖性的问题，需要安装或移除新的软件包，就会试着去安装/移除它，所以通常 dist-upgrade 会被认为是有点风险的升级。

例如软件包a原先依赖b、c、d，但现在是a依赖b、c、e。这种情况下， dist-upgrade会删除d并安装e，并把a软件包升级，而upgrade会认为依赖关系改变而拒绝升级a软件包。

动手练 **清理更新**

更新完毕后，使用命令"sudo apt clean"清理已经下载到本地的、已经安装的软件包，使用命令"sudo apt autoclean"移除已安装的软件的旧版本软件包，执行效果如下。

```
wlysy001@vmubuntu:~$ sudo apt clean
wlysy001@vmubuntu:~$ sudo apt autoclean
正在读取软件包列表 ... 完成
正在分析软件包的依赖关系树 ... 完成
正在读取状态信息 ... 完成
```

3.4.3 使用软件源安装软件

其实在前面也介绍了安装SSH服务，在配置了软件源后，可以任意安装软件源中的开源软件。

1. 安装软件

使用软件源安装软件，需要知道所需的软件名称即可。下面以安装常见的编辑器vim为例，介绍安装软件的操作步骤。

启动终端窗口，输入安装命令"sudo apt install vim-gtk"，按回车键后会提示用户需要安装依赖包、建议安装的包，以及本次需要安装的包、下载的安装包的体积、安装后需要消耗的空间等。同意后，会自动下载、解压、安装及配置，执行过程如下。

```
wlysy001@vmubuntu:~$ sudo apt install vim-gtk
正在读取软件包列表 ... 完成                    // 读取信息
正在分析软件包的依赖关系树 ... 完成            // 分析依赖关系
正在读取状态信息 ... 完成
将会同时安装下列软件：                        // 同时安装的软件
 fonts-lato javascript-common libjs-jquery liblua5.2-0 libruby3.0 rake ruby
 ruby-net-telnet ruby-rubygems ruby-webrick ruby-xmlrpc ruby3.0
 rubygems-integration vim-gtk3 vim-gui-common vim-runtime
```

建议安装：

apache2 | lighttpd | httpd ri ruby-dev bundler cscope fonts-dejavu

gnome-icon-theme vim-doc

下列【新】软件包将被安装：　　　　　　// 安装的新软件包

fonts-lato javascript-common libjs-jquery liblua5.2-0 libruby3.0 rake ruby

ruby-net-telnet ruby-rubygems ruby-webrick ruby-xmlrpc ruby3.0

rubygems-integration vim-gtk vim-gtk3 vim-gui-common vim-runtime

升级了 0 个软件包，新安装了 17 个软件包，要卸载 0 个软件包，有 10 个软件包未被升级

// 汇总信息

需要下载 17.7 MB 的归档　　　　　　// 下载的压缩包体积

解压缩后会消耗 77.3 MB 的额外空间　　// 解压后占用磁盘空间

您希望继续执行吗？ [Y/n] y　　　　　// 输入 "y" 回车后执行

获取 :1 https://mirror.nju.edu.cn/ubuntu jammy/main amd64 fonts-lato all 2.0-2.1 [2,696 kB] // 下载软件包

……

已下载 17.7 MB，耗时 2 秒 (10.7 MB/s)　　// 下载相关汇总信息

正在选中未选择的软件包 fonts-lato。

（正在读取数据库 ... 系统当前共安装有 200704 个文件和目录）

准备解压 .../00-fonts-lato_2.0-2.1_all.deb ...// 准备解压

正在解压 fonts-lato (2.0-2.1) ...　　　　// 解压压缩包

……

正在设置 vim-gtk (2:8.2.3995-1ubuntu2.1) ...　// 设置软件

……

正在处理用于 man-db (2.10.2-1) 的触发器 ...　// 配置触发器

2. 启动或使用软件

有图形界面的软件可以在 "所有程序" 界面查看，如图3-38所示，单击即可启动及使用。

图 3-38

无图形界面的软件，或者在终端窗口、虚拟控制台中启动软件，可以直接输入软件名，如使用vim命令启动并使用该软件。

3. 卸载软件

卸载软件时，可以使用命令"sudo apt remove 软件名"卸载软件，执行效果如下。

```
wlysy001@vmubuntu:~$ sudo apt remove vim vim-*   //vim 牵扯到的软件比
较多，使用通配符来代替
[sudo] wlysy001 的密码：
正在读取软件包列表 ... 完成
正在分析软件包的依赖关系树 ... 完成
正在读取状态信息 ... 完成
......
下列软件包是自动安装的并且现在不需要了：      // 列出不需要的软件
  fonts-lato javascript-common libjs-jquery liblua5.2-0 libruby3.0 rake ruby
  ruby-net-telnet ruby-rubygems ruby-webrick ruby-xmlrpc ruby3.0
  rubygems-integration xxd
使用 'sudo apt autoremove' 来卸载它（它们）      // 提醒用户可以手动卸载
下列软件包将被【卸载】：                        // 本次可卸载的内容
  ubuntu-minimal vim-common vim-gtk vim-gtk3 vim-gui-common vim-runtime
  vim-tiny
升级了 0 个软件包，新安装了 0 个软件包，要卸载 7 个软件包，有 10 个软件包未被升级
解压缩后将会空出 41.3 MB 的空间
您希望继续执行吗？ [y/n] y
（正在读取数据库 ... 系统当前共安装有 205739 个文件和目录）
正在卸载 ubuntu-minimal (1.481) ...
正在卸载 vim-gtk (2:8.2.3995-1ubuntu2.1) ...
正在卸载 vim-gtk3 (2:8.2.3995-1ubuntu2.1) ...
......
正在处理用于 man-db (2.10.2-1) 的触发器 ...
正在处理用于 mailcap (3.70+nmu1ubuntu1) 的触发器 ...
正在处理用于 desktop-file-utils (0.26-1ubuntu3) 的触发器 ...
```

动手练 清空无关联的软件

软件在卸载时，很多关联软件此后将无法使用或无须使用，可以使用命令"sudo apt autoremove"分析并自动卸载及清除，执行效果如下。

```
wlysy001@vmubuntu:~$ sudo apt autoremove
正在读取软件包列表 ... 完成
正在分析软件包的依赖关系树 ... 完成
正在读取状态信息 ... 完成
下列软件包将被【卸载】：
```

fonts-lato javascript-common libjs-jquery liblua5.2-0 libruby3.0 rake ruby
ruby-net-telnet ruby-rubygems ruby-webrick ruby-xmlrpc ruby3.0
rubygems-integration xxd
升级了 0 个软件包，新安装了 0 个软件包，要卸载 14 个软件包，有 10 个软件包未被升级
解压缩后将会空出 38.5 MB 的空间
您希望继续执行吗？[Y/n] y

3.4.4 使用deb包安装软件

很多Linux应用软件也可以从第三方对应的官网下载。下载的安装包有很多种，一般含有deb格式的安装包。由于Ubuntu基于Debian系统，所以在Ubuntu中也可以使用Debian安装包。下面以下载及安装QQ为例，介绍在Ubuntu中使用deb安装包安装软件的操作步骤。

1. 下载安装包

在官网的软件客户端下载界面中，找到软件包的下载位置，找到deb包的下载按钮，单击启动下载，如图3-39所示。默认会下载到用户的"下载"目录中。

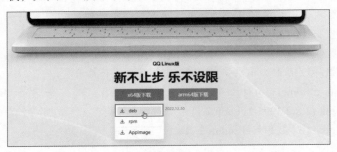

图 3-39

2. 使用软件包安装

使用软件包安装软件，和Windows不同，不能双击启动安装向导，需要使用命令。

Step 01 在"下载"目录中右击，在弹出的快捷菜单中选择"在终端中打开"选项，如图3-40所示。

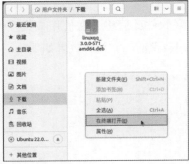

图 3-40

Step 02 输入安装命令"sudo dpkg -i linuxqq_3.0.0-571_amd64.deb",此处可以按Tab键补全。执行后如图3-41所示。

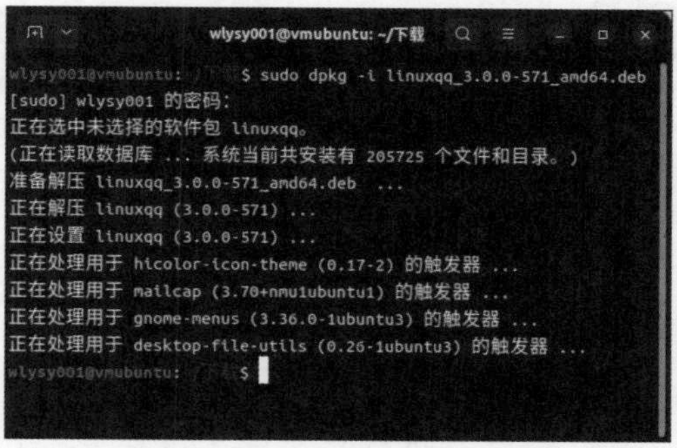

图 3-41

3. 启动软件

在"所有程序"界面可以找到该软件,如图3-42所示,单击即可启动,启动后可扫码登录,也可输入账号和密码后登录,如图3-43所示。

图 3-42

图 3-43

动手练 卸载软件

deb软件的卸载可以使用"sudo dpkg --remove 软件名"的格式进行卸载,执行效果如下。

wlysy001@vmubuntu:~$ sudo dpkg --remove linuxqq
[sudo] wlysy001 的密码:
(正在读取数据库 ... 系统当前共安装有 207558 个文件和目录)
正在卸载 linuxqq (3.0.0-571) ...
正在处理用于 mailcap (3.70+nmu1ubuntu1) 的触发器 ...
正在处理用于 gnome-menus (3.36.0-1ubuntu3) 的触发器 ...
正在处理用于 desktop-file-utils (0.26-1ubuntu3) 的触发器 ...
正在处理用于 hicolor-icon-theme (0.17-2) 的触发器 ...

技能延伸：使用Deepin-wine安装软件

Deepin-wine是由武汉深之度科技有限公司开发的、基于Wine的兼容层，它附属于Deepin Linux，Deepin-wine 的应用程序几乎是开箱即用的。这个程序的目的是只需使用鼠标就可以运行部分Windows应用，而不需要在终端输入命令。

1. Wine 简介

Wine不是一个模拟器，而是一个能够在多种POSIX-compliant操作系统（如Linux、macOS及BSD等）上运行的Windows应用的兼容层。

Wine即Windows运行环境，是一个在Linux和UNIX之上的Windows API（以下简称动态接口）的实现。注意，Wine不是模拟Windows的工具，而是运用API转换技术实际做出Linux与Windows相对应的函数来调用DLL（动态链接库），以运行Windows程序。Wine可以工作在绝大多数的UNIX版本中，包括Linux、FreeBSD和Solaris。另外，也有适用于macOS的Wine程序。Wine不需要Microsoft Windows系统，因为它是一个完全由开源代码组成的。如果有可利用的副本，它也可以随意使用本地系统的动态链接库。

2. 配置仓库

在安装软件前，需要先配置好仓库，类似于配置另一种软件源。配置的命令为"sudo wget -O- https://deepin-wine.i-m.dev/setup.sh | sh"，系统会自动下载仓库的索引，完成后弹出成功提示，如图3-44所示。

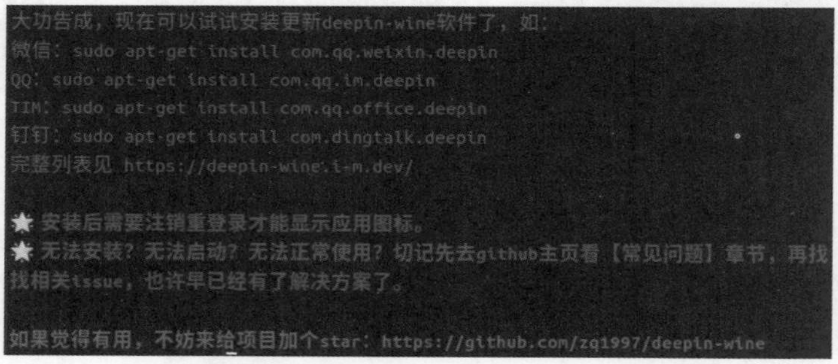

图 3-44

3. 安装软件

配置完毕后，可以像在软件源中安装软件一样，从仓库中安装软件。例如安装微信，可以使用命令"sudo apt install com.qq.weixin.deepin"，执行效果如下。

```
wlysy001@vmubuntu:~$ sudo apt install com.qq.weixin.deepin
正在读取软件包列表 ... 完成
正在分析软件包的依赖关系树 ... 完成
正在读取状态信息 ... 完成
将会同时安装下列软件：
```

deepin-elf-verify deepin-wine-helper:i386 deepin-wine-runtime
deepin-wine6-stable libcapi20-3 libdecor-0-0 libdecor-0-plugin-1-cairo

安装完毕后可以在"所有程序"界面找到该软件，如图3-45所示。

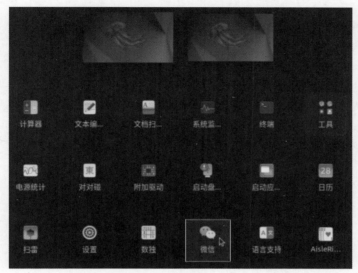

图 3-45

单击即可启动，初始化后弹出登录的主界面，如图3-46所示，登录后即可使用。

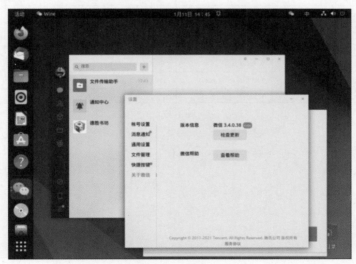

图 3-46

注意事项 找不到软件

如果找不到软件，可以通过注销用户、重新登录或者重新启动系统解决。

4. 卸载软件

Deepin-wine安装的软件，卸载过程和通过软件源安装的软件卸载的操作步骤一致。使用命令"sudo apt remove 软件名"即可，执行效果如下。

```
wlysy001@vmubuntu:~$ sudo apt remove com.qq.weixin.deepin
[sudo] wlysy001 的密码：
正在读取软件包列表 ... 完成
正在分析软件包的依赖关系树 ... 完成
正在读取状态信息 ... 完成
下列软件包是自动安装的并且现在不需要了：
 deepin-elf-verify deepin-wine-helper:i386 deepin-wine-runtime
 deepin-wine6-stable libcapi20-3 libdecor-0-0 libdecor-0-plugin-1-cairo
```

5. 查看软件列表

用户可以在该项目的官网中查看现在所有支持的软件，如图3-47所示。

访问GitHub主页

- 首次使用需要添加仓库：`wget -O- https://deepin-wine.i-m.dev/setup.sh | sh`
- 而后使用：`apt install ...` 安装对应软件包
- 应用图标需要注销重登录后才会出现

包名（单击可下载.deb包）	版本	描述
baidu.aifanfan.deepin	1.0.0.0deepin1	爱番番是一款拥有基础版和高级版的专业可靠的线索管家，已成为数十万百度推广客户首选的营销管理工具。
cc.2345.pic.deepin	10.5deepin1	2345 Pic Client on Deepin Wine
cn.360.yunpan.deepin	2.2.4.1190deepin1	360 Yun Pan Client on Deepin Wine
cn.com.dvwt.epl.deepin	5.92deepin1	"Easy Programming Language on Deepin Wine"
cn.com.dvwt.epl.deepin	5.92deepin1	"Easy Programming Language on Deepin Wine"
cn.com.tdx.deepin	1.0.0.deepin.amd64	Tdx Client on Deepin Wine
cn.com.tdx.deepin	1.0.0.deepin.amd64	Tdx Client on Deepin Wine

图 3-47

第4章

文件系统管理

　　Linux中所有文档、设备、硬件等都可以看成是文件，这是Linux的特点。文件系统是计算机中数据的存储和组织形式，与Windows中常见的NTFS、FAT文件格式相对应的是Linux中的ext3、ext4文件系统。本章将着重介绍Linux中文件系统的管理方法。

重点难点

- 文件系统的分类
- Linux中的目录结构
- Linux中的文件基础
- 文件的编辑
- 文件的压缩与归档

4.1 文件系统简介

在Linux中一直有"一切皆文件"的说法。这里的"一切皆文件"主要是指Linux系统中的一切都可以通过文件的方式进行访问和管理,包括接口、内存、硬盘、USB设备、进程、网卡等软硬件组件。只要挂载到Linux的文件系统中,即使不是文件,也可以以文件的形式呈现,并可以按照文件的规范访问、修改属性信息。下面介绍文件系统的相关概念。

4.1.1 了解文件系统

文件系统是操作系统用于明确存储设备(如硬盘及其他存储设备)或分区上的文件的方法和数据结构,即在存储设备上组织文件的方法。操作系统中负责管理和存储文件信息的软件系统被称为文件管理系统,简称文件系统。文件系统由三部分组成:文件系统的接口、对对象操作和管理的软件集合、对象及属性。从系统角度来看,文件系统是对文件存储设备的空间进行组织和分配,负责文件存储并对存入的文件进行保护和检索的系统。它负责为用户建立文件,存入、读出、修改、转储文件,控制文件的存取,当用户不再使用时撤销文件,等等。

4.1.2 文件系统的分类

常见的文件系统根据不同的操作系统分为很多种。

1. Windows 中的文件系统

目前在Windows中,常见的文件系统包括FAT32、exFAT以及NTFS。

(1)FAT32

FAT(File Allocation Table,FAT)是文件分配表的缩写,FAT32指文件分配表采用32位二进制数记录管理的磁盘文件管理方式,因FAT类文件系统的核心是文件分配表,命名由此得来。FAT32是从FAT和FAT16发展而来的,优点是稳定性和兼容性好,能充分兼容Win 9X及以前版本,且维护方便。缺点是安全性差,且最大只能支持32GB分区,单个文件最大支持4GB。

当使用FAT32文件系统管理硬盘时,能够支持的每个分区容量最大可达到128TB。对于使用FAT32文件系统的每个逻辑盘内部空间又可划分为三部分,依次是引导区(BOOT区)、文件分配表区(FAT区)、数据区(DATA区)。引导区和文件分配表区又合称为系统区,占据整个逻辑盘前端很小的空间,存放有关管理信息。数据区才是逻辑盘用来存放文件内容的区域,该区域以簇为分配单位使用。

虽然支持的单个文件最大为4GB,但由于FAT32结构简单、成本低,所以在U盘中还在被使用。另外现在常见的UEFI引导的系统,也会在启动引导分区使用FAT文件系统，如图4-1所示。

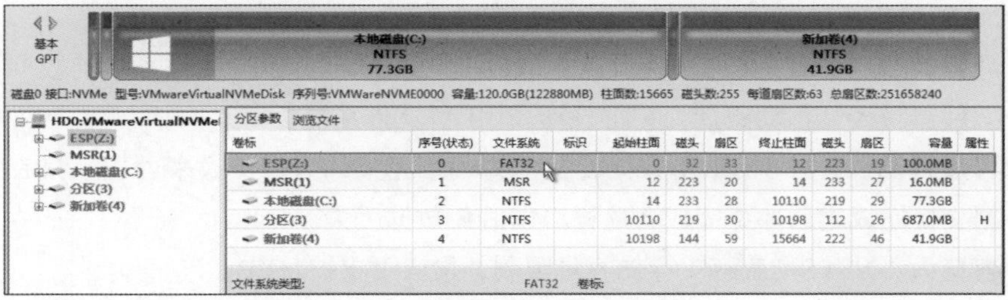

图 4-1

（2）exFAT

exFAT是一种基于FAT格式的扩展类型，最主要的改进是能保存4GB以上的文件。和NTFS格式相比，它最大的优势是完全开源，所以可以获得Android、macOS等操作系统的支持，多种系统都可以直接使用，非常适合作为移动存储的文件系统。exFAT更像是FAT32和NTFS文件系统的一个折中方案，既有FAT32的轻便、不需要消耗太多的计算能力、存储来处理文件运作，又有类似NTFS的存取控制机制。

但exFAT对于底层操作系统，尤其是操作系统引导方面，不如传统的FAT32文件系统（无法作为引导使用）。一般主要作为存储的文件系统使用。现在可以很方便地在格式化U盘等移动设备中使用exFAT文件系统，如图4-2所示。

图 4-2

（3）NTFS

新技术文件系统（New Technology File System，NTFS）是Windows NT内核的系列操作系统支持的、一个特别为网络和磁盘配额、文件加密等管理安全特性设计的磁盘格式，提供长文件名、数据保护和恢复，能通过目录和文件许可实现安全性，并支持跨越分区。NTFS支持的MBR分区（如果采用动态磁盘则称为卷）最大可以达到2TB，GPT分区则无限制。

NTFS的特点如下。

● **安全性好：** NTFS文件系统能够轻松指定用户访问某一文件或目录，以及操作的权限大小。

- **容错性高：** NTFS使用一种被称为事务登录的技术，跟踪对磁盘的修改。因此，NTFS可以在几秒钟内恢复错误。
- **兼容性强：** NTFS文件系统可以存取FAT文件系统和HPFS文件系统的数据，如果文件被写入可移动磁盘，它将自动采用FAT文件系统。
- **可靠性高：** NTFS把重要数据交换作为一个完整的数据交换来处理，只有整个数据交换完成之后才算完成，这样可以避免数据丢失。
- **容量大：** NTFS彻底解决存储容量限制，最大可支持16EB。
- **长文件名：** NTFS允许长达255个字符的文件名。

现在的Windows系统所在分区或数据所在分区使用的都是NTFS格式，如图4-3所示。

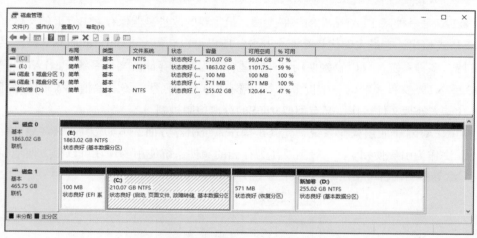

图 4-3

2. Linux 中的文件系统

Linux可以支持Windows的FAT32、NTFS、exFAT文件系统，以及xfs、swap、nfs、ufs、hpfs、affs等多种系统。而Linux最早的文件系统是Minix，后面出现了专门为Linux设计的文件系统——Ext2，对Linux产生了重大影响。Ext2文件系统功能强大，易扩充，性能上进行了全面优化，也是所有Linux发布和安装的标准文件系统类型。经过多年的发展，已经从Ext2发展到了Ext4。下面介绍Ext3和Ext4两种文件系统的特点。

（1）Ext3

Ext3（Third Extended File system，第三代扩展文件系统）是一个日志文件系统，常用于Linux操作系统。它是很多Linux发行版的默认文件系统。日志文件会将整个磁盘的写入动作完整地记录在某个区域上，在计算机发生故障时，如非正常关机，可以通过回溯追踪还原到可用状态。Ext3支持最大16TB文件系统和单独最大2TB文件。Ext3文件系统的特点如下。

- **高可用性：** 即使在非正常关机后，系统也不需要检查文件系统。宕机发生后，恢复Ext3文件系统只要几十秒。

- **数据的完整性：** Ext3文件系统能够极大地提高文件系统的完整性，避免了意外宕机对文件系统的破坏。在保证数据完整性方面，Ext3文件系统有两种模式可供选择。其中之一是"同时保持文件系统及数据的一致性"模式。采用这种方式，永远不会再看到由于非正常关机而存储在磁盘上的垃圾文件。

- **文件系统的速度：** 尽管使用Ext3文件系统时，有时在存储数据时可能要多次写数据，但是，从总体上看，Ext3比Ext2的性能要好一些。这是因为Ext3的日志功能对磁盘的驱动器读写头进行了优化。所以，文件系统的读写性能与Ext2文件系统相比并没有降低。

- **数据转换：** 由Ext2文件系统转换成Ext3文件系统非常容易，只要简单地输入两条命令，即可完成整个转换过程，用户不用花时间备份、恢复、格式化分区等。用一个Ext3文件系统提供的小工具tune2fs，可以将Ext2文件系统轻松转换为Ext3日志文件系统。另外，Ext3文件系统可以不经任何更改，直接加载成为Ext2文件系统。

- **多种日志模式：** Ext3有多种日志模式，其中一种工作模式是对所有的文件数据及metadata（定义文件系统中数据的数据）进行日志记录；还有一种工作模式则是只对metadata记录日志，而不对数据进行日志记录。系统管理人员可以根据系统的实际工作要求，在系统的工作速度与文件数据的一致性之间做出选择。

（2）Ext4

Linux kernel自2.6.28开始正式支持新的文件系统Ext4。Ext4是Ext3的改进版，修改了Ext3中部分重要的数据结构，而不仅仅像Ext3与Ext2相比，只是增加了一个日志功能而已。Ext4可以提供更佳的性能和可靠性，还有更丰富的功能。Ext4文件系统的特点如下。

- **高兼容：** 执行若干条命令，能将Ext3转换为Ext4，而无须重新格式化磁盘或重新安装系统。原有Ext3数据结构照样保留，Ext4作用于新数据。整个文件系统也就获得了Ext4所支持的更大容量。

- **大容量：** 与Ext3相比，Ext4分别支持1EB的文件系统，以及16TB的单个文件。

- **无限数量的子目录。** Ext3目前只支持32000个子目录，而Ext4支持无限数量的子目录。

- **Extents：** Ext3采用间接块映射，当操作大文件时，效率极低。例如一个100MB大小的文件，在Ext3中要建立25600个数据块（每个数据块大小为4KB）的映射表。而Ext4引入了现代文件系统中流行的extents概念，每个extent为一组连续的数据块，上述文件则表示为"该文件数据保存在接下来的25600个数据块中"，提高了效率。

- **多块分配：** 当写入数据到Ext3文件系统中时，Ext3的数据块分配器每次只能分配一个4KB的块，写一个100MB的文件要调用25600次数据块分配器。而Ext4的多块分配器支持一次调用分配多个数据块。

- **延迟分配：** Ext3的数据块分配策略是尽快分配，而Ext4和其他现代文件操作系统的策略是尽可能地延迟分配，直到文件在缓存中写完才开始分配数据块并写入磁盘，这样能优化整个文件的数据块分配，与前两种特性搭配起来可以显著提升性能。
- **日志校验：** 日志是最常用的部分，也极易导致磁盘硬件故障，而从损坏的日志中恢复数据会导致更多的数据损坏。Ext4的日志校验功能可以很方便地判断日志数据是否损坏，而且它将Ext3的两阶段日志机制合并成一个阶段，在增加安全性的同时提高了性能。日志需要一些开销，Ext4允许关闭日志，以便某些有特殊需求的用户可以借此提升性能。
- **在线碎片整理：** 尽管延迟分配、多块分配和 extents 能有效减少文件系统碎片，但碎片还是不可避免会产生。Ext4支持在线碎片整理，并提供 e4defrag 工具进行个别文件或整个文件系统的碎片整理。
- **持久预分配：** P2P软件为了保证下载文件有足够的空间存放，常常会预先创建一个与所下载文件大小相同的空文件，以免未来的数小时或数天之内因磁盘空间不足导致下载失败。Ext4在文件系统层面实现了持久预分配并提供相应的API，比应用软件自己实现更有效率。
- **默认启用barrier：** 磁盘上配有内部缓存，以便重新调整批量数据的写操作顺序，优化写入性能，因此文件系统必须在日志数据写入磁盘之后才能写commit记录，若commit记录写入在先，而日志有可能损坏，那么会影响数据的完整性。Ext4默认启用barrier，只有当barrier之前的数据全部写入磁盘，才能写barrier之后的数据。

在Ubuntu的磁盘管理中，可以查看当前磁盘的文件系统，如分区3的文件系统就是Ext4，如图4-4所示。

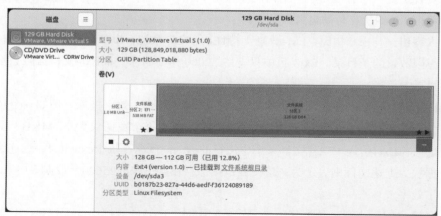

图 4-4

4.2 Linux目录

Linux中的目录相当于Windows中的文件夹，可以存放文件和目录。Linux中的目录也属于一种特殊的文件格式，继承了Linux中"一切皆文件"的思想。Linux本身有严格的目录组织结构，下面介绍Linux目录的相关知识。

4.2.1 Linux目录结构

Linux的目录结构像一棵倒置的大树，一切树干树枝的起点叫作根目录，用/表示，其他所有的目录都像基于树干的枝条或树叶，如图4-5所示。不同目录中的所有设备都要挂载到树中才能使用。

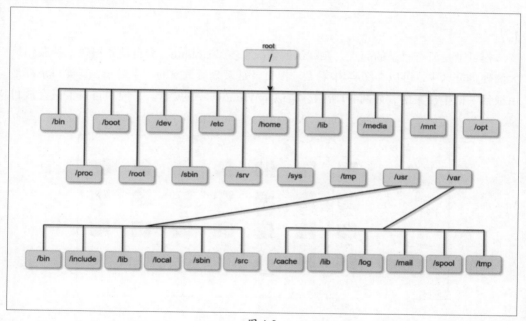

图 4-5

在早期的UNIX系统中，各个厂家各自定义了自己的UNIX系统文件目录，比较混乱。Linux面世后，于1994年对文件目录做了统一的规范，推出文件系统层次结构标准（Filesystem Hierarchy Standard，FHS）。FHS标准规定了Linux根目录各文件夹的名称及作用，统一了Linux命名标准。

FHS定义了系统中每个区域的用途、所需要的最小构成的文件和目录，同时还给出了例外处理与矛盾处理。FHS定义了两层规范：第一层是根目录"/"下面的各目录应该放什么文件数据；第二层则是针对/usr及/var两个目录的子目录的定义。

Linux的目录定义比较严格，各目录都有其具体的作用。下面介绍Linux一些常见的目录（图4-6）及其作用。

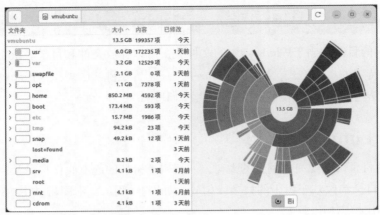

图 4-6

1. /

根目录是所有目录的起点,在默认的情况下安装Ubuntu,会自动将根目录挂载到最大的硬盘分区中,可以在图4-4中看到。根目录是系统最重要的一个目录,其他目录都是由根目录衍生出来的,如图4-7所示,类似于Windows中的C盘。一般根目录下只存放目录,不会放置文件,一般/etc、/bin、/dev、/lib、/sbin和根目录放置在同一个分区中。

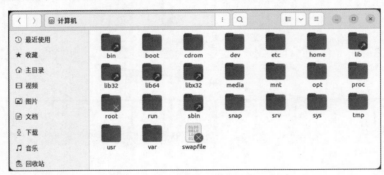

图 4-7

2. /bin

/bin目录存放系统启动时需要的普通程序、系统程序以及一些经常被其他程序调用的程序,是Linux外部命令存放的目录,如图4-8所示。如常用的ls、cat、rm、mkdir、cp等。与此对应的还有/usr/bin目录,存放用户的标准命令。

图 4-8

3. /boot

/boot目录存放系统启动时需要用的引导文件，包含Linux内核文件、开机菜单、开机所需配置文件、激活相关的文件等，如图4-9所示。其中initrd.img为系统激活时最先加载的文件；vmlinuz为内核的镜像文件；System.map包括内核的功能及位置。

图 4-9

4. /dev

/dev目录用于存放所有非可移动的硬件设备和终端设备，该目录体现了Linux系统中"一切皆文件"的思想，包括硬盘分区、键盘、鼠标、USB、光驱设备等。除了正常的设备外，在该目录中还有一些虚拟设备，不对应任何实体设备，例如/dev/null，写入该设备的请求会被执行，但并没有任何结果，如图4-10所示。

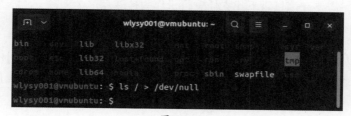

图 4-10

5. /etc

/etc目录用于存放系统管理所需要的各种配置文件，相当于Windows的注册表。常见的用户账户信息、密码信息、软件源信息等都存放在这里，如图4-11所示。

图 4-11

通配符

在Linux的命令中可以使用通配符，使用"?"代表一个字符，使用"*"代表多个字符。

6. /home

除了root外的其他账户的目录都在/home目录中，并存放在与账号同名的目录中。目录中包含了此用户的文件、个人设置等内容，如图4-12所示。

图 4-12

7. /lib

/lib目录中存放了许多系统需要的重要共享函数库，几乎所有的应用程序都会用到这个目录下的共享库。类似的还有/usr/lib，存放了应用程序和程序包的链接库。

8. /media

/media目录主要用于挂载U盘、光驱等系统自动识别的媒体设备。

9. /mnt

/mnt目录是系统默认的挂载点，一般情况下是空的，可以临时将别的文件系统挂载到这个目录下，需要在该目录下建立任意目录作为挂载点。

10. /proc

/proc目录是一个虚拟文件系统，不占用硬盘空间，该目录下的文件均存放在内存中。该目录会记录系统正在运行的进程、硬盘状态、内存使用信息等，是系统自动产生的。

11. /root

/root目录是系统超级管理员root的主目录。无root权限无法访问其中的内容。

12. /tmp

/tmp目录存放系统启动时产生的临时文件，以及某些程序执行中产生的临时文件。重启设备后不予保留。

13. /usr

/usr目录用于存储只读用户数据，包含绝大多数的用户工具和应用程序。

14. /var

/var目录存放被系统修改过的数据，是在正常运行的系统中内容不断变化的一些文件，如日志文件、脱机文件等。

知识拓展

其他目录的作用

/opt，第三方应用程序放置目录；/sbin，必要的系统二进制文件；/srv，站点的具体数据，由系统提供；/run，自最后一次系统启动后运行中的系统信息。

4.2.2 目录符号与切换

在Linux中会使用一些符号来代表特定的目录，如表4-1所示。

表 4-1

目录符号	含义
.	当前目录
..	上级目录
-	上一个目录
~	当前账户主目录
~ 账户名	某账户主目录

在Linux中可以使用cd命令来切换目录，然后执行命令。一般在目录路径比较长的情况下使用，可以减少命令参数的复杂性。

知识拓展

显示当前路径的命令

可以使用pwd命令显示当前目录的路径信息，不需要带参数。

【语法】

cd 目录或路径

动手练 **目录符号的用法**

```
wlysy001@vmubuntu:/home$ pwd
/home                      // 当前在 /home 目录
wlysy001@vmubuntu:/home$ cd ..
wlysy001@vmubuntu:/$ pwd
/                          // 返回上级目录，在 "/" 目录中
wlysy001@vmubuntu:/$ cd -
/home                      // 返回上次所在目录，在 /home 中
wlysy001@vmubuntu:/home$ cd ~
wlysy001@vmubuntu:~$ pwd
/home/wlysy001             // 直接返回用户主目录中
wlysy001@vmubuntu:~$ cd ./ 下载 /
wlysy001@vmubuntu:~/ 下载 $ pwd
/home/wlysy001/ 下载       // 当前（主目录）的下级目录 "下载"
```

4.2.3 绝对路径与相对路径

绝对路径是从"/"目录开始，到用户的目标目录或文件所经过的所有目录，例如"/home/wlysy001/下载"，可以确保该目录或文件的唯一性，一般作为命令的参数使用。

相对路径指的是相对于用户当前所处的位置而言，到目标目录或文件所经过的所有目录，而不是从"/"开始。相对路径在使用时，经常配合前面介绍的目录符号一起使用。

注意事项 当前目录下的目录和文件的引用

在实际使用中，当前目录下的目录和文件都可以直接引用，其实都属于相对引用，只不过省略了目录符号"./"。

动手练 相对路径引用和绝对路径引用的应用 ————————

```
wlysy001@vmubuntu:~$ ls
123 公共的 模板 视频 图片 文档 下载 音乐 桌面
// 当前目录中的文件
wlysy001@vmubuntu:~$ pwd
/home/wlysy001                                    // 当前目录路径
wlysy001@vmubuntu:~$ cp /home/wlysy001/123 /home/wlysy001/234
// 复制并改名，绝对引用
wlysy001@vmubuntu:~$ ls
123 234 公共的 模板 视频 图片 文档 下载 音乐 桌面 // 复制成功
wlysy001@vmubuntu:~$ cp ./123 ./345              // 相对引用
wlysy001@vmubuntu:~$ ls
123 234 345 公共的 模板 视频 图片 文档 下载 音乐 桌面
wlysy001@vmubuntu:~$ cp 234 456                  // 相对引用简化
wlysy001@vmubuntu:~$ ls
123 345 公共的 视频 文档 音乐
234 456 模板   图片 下载 桌面
```

4.2.4 目录的查看

前面介绍了显示当前目录的路径可以使用命令pwd，如果要显示当前目录的内容包含哪些文件或者目录，可以使用命令ls。下面介绍ls的一些常见用法。

【语法】

ls [选项] [参数]

【选项】

-a：显示目录下的所有文件，包括隐藏文件和"."".."两个特殊目录。

-h：以方便阅读的格式显示文件大小（单位为K、M、G等），默认单位为B（Byte）。

-i：显示文件及目录的节点信息（索引编号）。

-l：显示文件及目录的详细信息。

-R：以递归的形式显示子目录。

-S：按照从大到小的顺序排列文件和目录。

-t：按照修改时间排列文件和目录，最新的排在前面。

【参数】

参数可以是当前目录，也可以是指定目录。

 显示当前目录中的所有文件

ls默认只显示目录中的正常文件，如果要显示所有文件，可以加上"-a"选项，执行效果如下。

```
wlysy001@vmubuntu:~$ ls
公共的 模板 视频 图片 文档 下载 音乐 桌面 snap wget-log
// 默认只显示正常的文件和目录
wlysy001@vmubuntu:~$ ls -a
.     图片 .bash_history .deepinwine .profile      wget-log
..    文档 .bash_logout  .gnupg      snap
公共的 下载 .bashrc       .lesshst    .ssh
模板  音乐 .cache        .local      .sudo_as_admin_successful
视频  桌面 .config       .pki        .viminfo
// 显示所有文件和目录，包括隐藏文件
```

知识拓展

隐藏文件

在Ubuntu中，隐藏文件的文件名以"."开头，用户在创建隐藏文件时，在文件名前加上"."就可以隐藏该文件。除了通过"ls -a"命令查看所有文件外，在图形化界面中，还可以使用Ctrl+H组合键来显示或不显示隐藏文件。

动手练 显示用户主目录中文件或目录的详细信息

显示详细信息可以使用选项"-l"，显示文件大小可以使用选项"-h"，两个短选项可以合并使用。显示用户主目录，可以使用目录的相对或绝对路径，执行结果如下。

```
wlysy001@vmubuntu:~$ ls -lh /home/wlysy001/
总用量 104M                  // 该目录总的磁盘占用量
drwxr-xr-x 2 wlysy001 wlysy001 4.0K 1 月  2 12:23 公共的
```

```
drwxr-xr-x 2 wlysy001 wlysy001 4.0K  1 月  2 12:23 模板
drwxr-xr-x 2 wlysy001 wlysy001 4.0K  1 月  2 12:23 视频
drwxr-xr-x 2 wlysy001 wlysy001 4.0K  1 月  2 12:23 图片
drwxr-xr-x 2 wlysy001 wlysy001 4.0K  1 月  2 12:23 文档
drwxr-xr-x 2 wlysy001 wlysy001 4.0K  1 月  4 15:22 下载
drwxr-xr-x 2 wlysy001 wlysy001 4.0K  1 月  2 12:23 音乐
drwxr-xr-x 2 wlysy001 wlysy001 4.0K  1 月  2 14:26 桌面
-rw-rw-r-- 1 wlysy001 wlysy001 104M  1 月  9 10:14 linuxqq_3.0.0-571_amd64.deb
// 该文件的大小为 104M
drwx------ 6 wlysy001 wlysy001 4.0K  1 月  4 16:17 snap
-rw-r--r-- 1 root     root      600  1 月  4 15:48 wget-log
```

在详细信息中还显示了文件及目录的类型、权限、属主及属组、大小、创建或最新的日期以及文件名。

注意事项 **总用量**

这里的总用量指的是当前显示的这个目录中文件及目录的大小，而不统计下级目录及目录中的文件。所以显示的目录大小都是4KB（占用一个block大小）。后面会介绍du命令，统计目录真正磁盘占用量大小。

4.2.5 目录的常见操作

目录的常见操作包括目录的创建、复制、移动、删除。在图形界面的操作与Windows中对文件夹的操作类似。下面主要介绍在终端窗口中如何对目录进行各种操作。

1. 目录的创建

目录的创建命令是mkdir，可以使用该命令创建单独的目录或创建多个同级或子目录。

【语法】

mkdir [选项] 目录名1 [目录名2] ……

【选项】

-p：创建多级目录。

动手练 **在用户主目录创建多个目录**

可以先切换到目录中直接创建。如果多个目录路径不一致，可以详细输入每个新建目录的绝对或相对路径，执行效果如下。

```
wlysy001@vmubuntu:~$ ls
公共的 模板 视频 图片 文档 下载 音乐 桌面 snap wget-log
// 查看当前目录中的文件及目录
```

```
wlysy001@vmubuntu:~$ mkdir 111 222 /home/wlysy001/333
// 可以使用相对路径，也可以使用绝对路径，可以同时创建多目录
wlysy001@vmubuntu:~$ ls
111 222 333 公共的 模板 视频 图片 文档 下载 音乐 桌面 snap wget-log
// 查看创建后的目录
```

动手练 在当前目录创建目录以及子目录

创建目录及子目录需要使用"-p"选项。使用时，Ubuntu会自动查看该路径上的目录是否存在，如果不存在则直接创建，执行效果如下。

```
wlysy001@vmubuntu:~$ ls
公共的 模板 视频 图片 文档 下载 音乐 桌面 snap wget-log
wlysy001@vmubuntu:~$ mkdir -p 111/222/333
// 递归创建目录，包括 111、111/222、111/222/333，3 个目录
wlysy001@vmubuntu:~$ ls
111 公共的 模板 视频 图片 文档 下载 音乐 桌面 snap wget-log
wlysy001@vmubuntu:~$ ls -R 111          // 递归显示目录及下级目录
111:
222                                      //111 目录下有 222 目录
111/222:
333                                      //111/222 目录下有 333 目录
111/222/333:                             //111/222/333 下无目录了
```

注意事项 目录的操作权限

包括目录的查看在内，所有的目录操作如果在用户主目录内，不需要使用root权限。但如果对系统其他目录进行操作，或需要管理员权限，必须在命令前加上sudo。

2. 目录的复制

复制目录使用的命令是cp，该命令不仅可以复制目录，也可以复制文件、创建链接文件以及对比文件后进行文件更新。

【语法】

cp [选项] 源目录 新目录路径

cp [选项] 原文件 新目录路径或文件名

【选项】

-r/-R：递归复制目录及子目录的所有内容。

-t：将所有参数指定的原文件/目录复制到目标目录。

-T：将目标目录视作普通文件。

-p：保持指定的属性，包括模式、所有权、时间戳等。

-s：创建符号链接（快捷方式）。

动手练 递归复制的使用

将当前目录中的test目录及其子目录和文件，复制到test1目录中，复制目录及目录中的内容需要使用选项"-r"，执行效果如下。

```
wlysy001@vmubuntu:~$ mkdir -p test/111/222              // 递归创建目录
wlysy001@vmubuntu:~$ mkdir test1                    // 创建目标目录
wlysy001@vmubuntu:~$ ls
公共的 模板 视频 图片 文档 下载 音乐 桌面 snap test test1 wget-log
wlysy001@vmubuntu:~$ cp -r test test1
// 复制 test 及其下所有文件及目录到新目录 test1 中
wlysy001@vmubuntu:~$ ls -R test1                   // 查看 test1 文件夹中的内容
test1:
test
test1/test:
111
test1/test/111:
222
test1/test/111/222:                         // 可以看到已经全部复制过来
```

只复制目录中的内容

在上例中，将目录本身及目录中的内容全部复制到目标目录中。如果不复制目录本身，只复制目录中的内容，可以使用命令"cp –r test/* test1"。

3. 目录的移动

目录的移动类似于文件夹的剪切操作，使用的命令是mv。该命令也可以移动文件或者为文件重命名。

【语法】

mv [选项] 源目录 新目录路径

mv [选项] 原文件 新目录路径或文件名

【选项】

-f：覆盖前不询问。

-i：覆盖前询问。

-n：不覆盖已存在的文件。

-t：将所有原文件移动至指定的目录中。

-i：移动文件时，如果有文件同原文件同名，系统会提醒用户是否覆盖。

-b：移动文件时，如果有文件同原文件同名，不会提醒用户，而会将同名文件重命名后再执行移动操作。

动手练 移动并改名

目录aaa改名为bbb，然后移动到目录ccc中。mv除了移动，还可修改目录的名称，执行效果如下。

```
wlysy001@vmubuntu:~$ mkdir aaa ccc              // 创建测试目录
wlysy001@vmubuntu:~$ ls
公共的 模板 视频 图片 文档 下载 音乐 桌面 aaa ccc snap wget-log
wlysy001@vmubuntu:~$ mv aaa bbb                 // 将目录 aaa 更名为 bbb
wlysy001@vmubuntu:~$ ls
公共的 模板 视频 图片 文档 下载 音乐 桌面 bbb ccc snap wget-log
wlysy001@vmubuntu:~$ mv bbb ccc                 // 将目录 bbb 移动到目录 ccc 中
wlysy001@vmubuntu:~$ ls
公共的 模板 视频 图片 文档 下载 音乐 桌面 ccc snap wget-log
wlysy001@vmubuntu:~$ ls ccc                     // 查看 ccc 目录的内容
bbb
```

4. 目录的删除

目录的删除分为两种情况。如果目录是空的，可以使用命令rmdir。

【语法】

rmdir [选项] 目录名1 [目录名2]……

【选项】

-p：删除指定目录及其各个上级文件夹（除了要删除的目录，目录中没有其他文件），例如，"rmdir -p 1/2/3"会逐级删除目录3、目录2以及目录1。

-f：强制删除，删除过程中没有提示，使用时需要特别小心。

动手练 递归删除空白目录

需要确保目录是空白的，如果是递归删除，递归的每级目录也要保证除该目录外没有其他的目录和文件，执行效果如下。

```
wlysy001@vmubuntu:~$ ls
公共的 模板 视频 图片 文档 下载 音乐 桌面 ccc snap wget-log
wlysy001@vmubuntu:~$ ls ccc
```

```
bbb                        //ccc 目录中有 bbb 且都是空目录
wlysy001@vmubuntu:~$ rmdir -p ccc/bbb                    // 递归删除
wlysy001@vmubuntu:~$ ls
公共的 模板 视频 图片 文档 下载 音乐 桌面 snap wget-log
```

如果目录中有内容，则需要使用命令rm来删除，rm命令默认删除的是文件，如果要删除目录，需要带上"-r"选项。

【语法】

rm [选项] 文件/目录

【选项】

-r：递归删除目录及其内容。

-f：强制删除。

-d：删除空目录。

动手练 **使用rm删除目录及目录中的所有内容**

删除目录及目录中的内容，需要使用"-r"选项，如果需要强制删除，加上选项"-f"，执行效果如下。

```
wlysy001@vmubuntu:~$ ls
公共的 模板 视频 图片 文档 下载 音乐 桌面 snap wget-log
wlysy001@vmubuntu:~$ mkdir 123                    // 创建目录 123
wlysy001@vmubuntu:~$ mkdir 123/234                // 创建子目录 234
wlysy001@vmubuntu:~$ touch 123/abc                // 在目录中创建文件
wlysy001@vmubuntu:~$ ls
123 公共的 模板 视频 图片 文档 下载 音乐 桌面 snap wget-log
wlysy001@vmubuntu:~$ ls 123
234  abc                                          // 目录中有子目录和文件
wlysy001@vmubuntu:~$ rm -rf 123                   // 全部删除
wlysy001@vmubuntu:~$ ls
公共的 模板 视频 图片 文档 下载 音乐 桌面 snap wget-log
```

注意事项 删除系统全部文件

命令"rm -rf /*"会删除根目录中的文件，导致系统崩溃。所以除非使用虚拟机，否则不要轻易在服务器上尝试该命令。

4.3 Linux文件

除了目录外，Linux文件还包括硬件设备、连接文件、网络资源等。下面介绍Linux文件的一些基本概念。

4.3.1 文件及目录的命名

在Linux中，对文件或目录命名的要求相对比较宽松，主要的命名规则如下。

除了字符"/"之外，所有的字符都可以使用，但是要注意，在目录名或文件名中，使用某些特殊字符并不是明智之举。例如，在命名时应避免使用<、>、？、*和非打印字符等。如果一个文件名中包含了特殊字符，例如空格，那么在访问这个文件时就需要使用引号将文件名括起来，以明确该名称的内容。

目录名或文件名的长度不能超过255个英文字符（128个中文字符）。

目录名或文件名是区分大小写的。如test和Test是互不相同的目录名或文件名，但使用字符大小写来区分不同的文件或目录也是不明智的。文件和目录的名字不能相同。

与Windows操作系统不同，文件的扩展名对Linux操作系统没有特殊的含义，换句话说，Linux系统并不以文件的扩展名来区分文件类型。例如123.txt只是一个文件，其扩展名.txt并不代表此文件就一定是文本文档。而在Windows中，扩展名还表示该文件的打开方式或打开的程序。

需要注意的是，在Linux系统中，硬件设备也是文件，也有各自的文件名称。Linux系统内核中的udev设备管理器会自动对硬件设备的名称进行规范，目的是让用户通过设备文件的名称，可以大致猜测出设备的属性以及相关信息。

4.3.2 文件类型

在Ubuntu中，通过不同的类型符号及颜色来代表不同的文件及其类型，如图4-13所示。

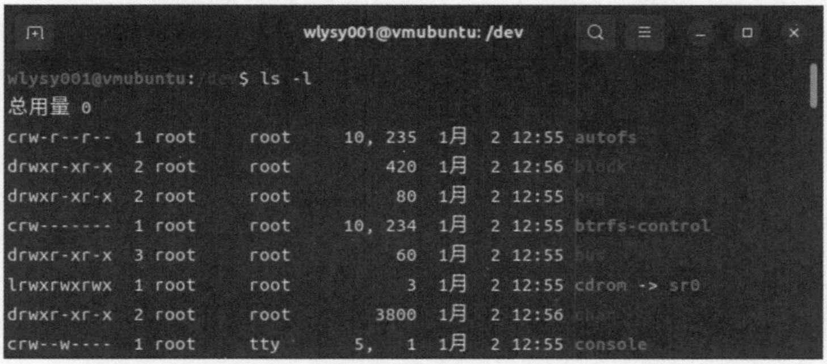

图 4-13

具体文件的类型如表4-2所示。

表 4-2

文件类型	文件符号	颜色	说明
普通文件	-	白色	按照文件内容，可以分为纯文本文档、二进制文件、数据格式文件
目录	d	蓝色	相当于文件夹
连接文件	l	浅蓝	相当于快捷方式
块设备	b	黄色	硬盘、U盘、SD卡等存储设备等
字符设备	c	黄色	一些串口设备，如键盘、鼠标等
套接字	s	粉色	数据接口文件，常用在网络上的数据链接
管道	p	青黄色	解决多个程序同时访问同一个文件造成错误的情况，一种先进先出的队列文件

除了通过文件符号和颜色外，还可以通过命令file来查看文件的类型。

【语法】

file 文件名

动手练 使用file命令查看文件的类型

```
wlysy001@vmubuntu:~$ cd /dev/
wlysy001@vmubuntu:/dev$ file autofs
autofs: character special (10/235)          // 字符设备
wlysy001@vmubuntu:/dev$ file block
block: directory                            // 目录
wlysy001@vmubuntu:/dev$ file cdrom
cdrom: symbolic link to sr0                 // 符号连接文件
wlysy001@vmubuntu:/dev$ file /run/systemd/journal/dev-log
/run/systemd/journal/dev-log: socket        // 套接字
```

4.3.3 文件的管理

　　和目录的管理类似，文件的管理也包括文件的创建、复制、移动、删除等内容，下面介绍具体的操作方法。

1. 文件的创建

　　在Ubuntu中，创建文件的方式有很多，例如复制文件创建、移动文件创建，而最常见的是使用touch命令创建文件。Linux不以扩展名来判断文件类型，但用户自己可以通过扩展名来识别文件。

【语法】

touch [选项] 文件名

【选项】

-a：只更改访问时间。

-c：不创建任何文件。

-d：使用指定字符串表示时间而非当前时间。

-f：忽略。

-h：会影响符号链接本身，而非符号链接所指示的目的地（当系统支持更改符号链接的所有者时，此选项才有用）。

-m：只更改修改时间。

-r：使用指定文件的时间属性而非当前时间。

动手练 创建文件并修改该文件的最后访问时间

创建文件可以使用绝对路径及相对路径，也可以同时创建多个文件。修改最后访问时间，只要重新创建一遍该文件即可，执行效果如下。

```
wlysy001@vmubuntu:~$ ls
公共的 模板 视频 图片 文档 下载 音乐 桌面 snap
wlysy001@vmubuntu:~$ touch test.txt                //创建文件
wlysy001@vmubuntu:~$ ls
公共的 模板 视频 图片 文档 下载 音乐 桌面 snap test.txt
wlysy001@vmubuntu:~$ ll test.txt                //ll 是 ls -l 的缩写
-rw-rw-r-- 1 wlysy001 wlysy001 0 1 月  9 15:46 test.txt //15:46
wlysy001@vmubuntu:~$ touch test.txt
wlysy001@vmubuntu:~$ ls
公共的 模板 视频 图片 文档 下载 音乐 桌面 snap test.txt
// 并没有创建新的文件
wlysy001@vmubuntu:~$ ll test.txt
-rw-rw-r-- 1 wlysy001 wlysy001 0 1 月  9 15:49 test.txt //15：49
```

2. 文件的复制

复制文件的操作和复制目录的操作类似，但不需要使用"-r"选项。命令的语法同目录一样。

动手练 复制文件并重命名 ━━━━━━━━━━━━━━━━━━━━━━━

将文件aaa复制到当前文件夹，并重命名为bbb。如果在同一目录中，没有指定新的文件名，Ubuntu会提示新文件与原文件是同一个文件，所以需要指定新文件名。对于不同的目录没有该限制，执行效果如下。

```
wlysy001@vmubuntu:~$ touch aaa                // 创建文件 aaa
wlysy001@vmubuntu:~$ ls
公共的 模板 视频 图片 文档 下载 音乐 桌面 aaa snap
wlysy001@vmubuntu:~$ cp aaa bbb               // 复制 aaa 并重命名为 bbb
wlysy001@vmubuntu:~$ ls
公共的 模板 视频 图片 文档 下载 音乐 桌面 aaa bbb snap
```

动手练 保留原文件属性复制文件 ━━━━━━━━━━━━━━━━━━

普通文件被复制后，没有保留原文件属性（时间被更改了）。如果要保留原文件属性设置，则需要使用"-p"选项，执行效果如下。

```
wlysy001@vmubuntu:~$ cp -p aaa ccc
wlysy001@vmubuntu:~$ ll aaa bbb ccc
-rw-rw-r-- 1 wlysy001 wlysy001 0  1 月  9 15:58 aaa
-rw-rw-r-- 1 wlysy001 wlysy001 0  1 月  9 15:59 bbb    // 时间戳被更改
-rw-rw-r-- 1 wlysy001 wlysy001 0  1 月  9 15:58 ccc    // 时间戳保留
```

动手练 创建文件的快捷方式 ━━━━━━━━━━━━━━━━━━━━━

创建文件的快捷方式，需要使用参数"-s"创建符号连接，访问快捷方式，就可以直接访问文件，执行效果如下。

```
wlysy001@vmubuntu:~$ ls
公共的 模板 视频 图片 文档 下载 音乐 桌面 aaa snap
wlysy001@vmubuntu:~$ cp -s aaa bbb            // 创建符号连接
wlysy001@vmubuntu:~$ ls
公共的 模板 视频 图片 文档 下载 音乐 桌面 aaa bbb snap
wlysy001@vmubuntu:~$ ll bbb
lrwxrwxrwx 1 wlysy001 wlysy001 3  1 月  9 16:20 bbb -> aaa
// 可以看到是连接到文件 aaa
```

3. 文件的移动

移动文件的命令也是mv。可以使用"-i"选项来提醒用户，或者使用"-b"选项来默认重命名文件。

动手练 移动文件，如果有相同文件则提醒用户

在不同文件夹移动，需要为文件添加路径，并使用"-i"选项。

```
wlysy001@vmubuntu:~$ touch 123.txt
wlysy001@vmubuntu:~$ mkdir aaa
wlysy001@vmubuntu:~$ touch aaa/123.txt
wlysy001@vmubuntu:~$ mv -i 123.txt aaa/          //添加提示选项
mv: 是否覆盖 'aaa/123.txt'？ y     //检测并提示，y是覆盖，n是不覆盖
wlysy001@vmubuntu:~$ ls
公共的 模板 视频 图片 文档 下载 音乐 桌面 aaa snap // 文件消失
wlysy001@vmubuntu:~$ ls aaa
123.txt                              // 移动成功
```

4. 删除文件

删除文件也使用rm命令，且无须使用"-r"选项。在删除时，可以同时删除多个文件，也可以使用通配符来代表某类文件。

动手练 删除所有指定条件的文件

删除所有以".txt"结尾的文件，可以使用"*.txt"来代表所有以".txt"结尾的文件。

```
wlysy001@vmubuntu:~$ touch 123.txt 234.txt 345.txt
wlysy001@vmubuntu:~$ ls
123.txt 345.txt 模板 图片 下载 桌面
234.txt 公共的 视频 文档 音乐 snap
wlysy001@vmubuntu:~$ rm *.txt              // 删除所有以 .txt 结尾的文件
wlysy001@vmubuntu:~$ ls
公共的 模板 视频 图片 文档 下载 音乐 桌面 snap
```

4.3.4 文件的查看

并不是所有的文件都可以查看，一些配置文件、文档文件是可以查看并编辑的。常见的文件查看命令有cat、more、less、head、tail等。下面介绍这几个命令的用法。

1. cat 命令

cat命令可以将文档的内容输出到终端窗口中。

【语法】

cat [选项] 文件名

【选项】

-n：显示行号。

117

动手练 查看镜像源文件的内容并显示行号 ————————————

执行效果如图4-14所示。

图 4-14

注意事项 内容过多

在执行命令后，会将文档中的所有内容全部显示出来，用户可以使用鼠标滚轮向上滚动到文档开头。如果文档内容过多，超出显示范围，可以使用其他命令查看。

2. more 命令

more命令并不会将文档内容一次性全部显示出来，而是在内容占满当前终端窗口全屏后自动暂停，等待用户阅读后，按任意键继续显示下一满屏，直到结束。然后可以像cat命令一样使用滚轮向上手动翻屏。

【语法】

more [选项] 文件

【选项】

-d：输出内容时同时显示常用快捷键。

-p：不滚动，清除屏幕并显示文本。

-（数字减号）：指定每屏显示的行数。

+（数字加号）：从指定行开始显示文件。

动手练 使用more命令查看软件源配置文档 ————————————

使用more命令查看文档时，可以使用几个快捷键来帮助浏览文档，例如：空格键，显示下一屏内容；B键，显示上一屏的内容；回车键，显示下一行内容；"/"键，可以在文中查找"/"后的内容；H键，显示帮助信息；Q键，退出more命令的查看模式（文本阅读完毕也会自动退出）。查看的执行效果如图4-15所示。

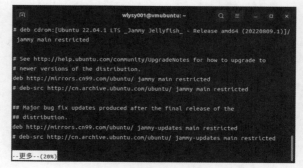

图 4-15

3. less 命令

less命令的功能与前面介绍的命令的功能相比，更加强大也更加弹性化，对于大文件来说，less命令不需要一次性调入全部数据到内存中，所以打开文档的速度更快，操作也更加流畅。

【语法】

less [参数] 文件

【选项】

-N：显示每行的行号。

/字符串：向下搜索"字符串"的功能。

?字符串：向上搜索"字符串"的功能。

动手练 使用less命令查看.bashrc文件并显示行号

该文件主要存放用户环境变量设定、个性化设定、命令别名等内容，只对本用户起作用，对别的用户没有影响。显示行号需要使用"-N"选项，执行效果如图4-16所示。

```
 1 # ~/.bashrc: executed by bash(1) for non-login shells.
 2 # see /usr/share/doc/bash/examples/startup-files (in the package bash-doc)
 3 # for examples
 4
 5 # If not running interactively, don't do anything
 6 case $- in
 7    *i*) ;;
 8    *) return;;
 9 esac
10
11 # don't put duplicate lines or lines starting with space in the history.
12 # See bash(1) for more options
13 HISTCONTROL=ignoreboth
14
15 # append to the history file, don't overwrite it
16 shopt -s histappend
.bashrc
```

图 4-16

知识拓展

操作说明

在使用less查看文档内容时，可以使用如下按键进行操作。b，向后翻一页；d，向后翻半页；h，显示帮助界面；Q，退出less命令；u，向前滚动半页；y，向前滚动一行；空格键，滚动一行；回车键，滚动一页；pgdn，向下翻动一页；pgup，向上翻动一页。

4. head 命令

head命令用来显示文档开头部分的内容，可以根据需要显示具体的行数。

【语法】

head [选项] 文件

【选项】

-n：指定输出的行数，也可以省略n，如-n 8 = -8。

-c：指定输出的字符数。

动手练 显示历史命令的前5行内容

历史命令的文件存放在".bash_history"中，显示前5行，选项使用"-5"即可，执行的效果如图4-17所示。

图 4-17

知识拓展

指定输出行

head命令默认显示文档前10行，如果"-n"选项的参数为负数（-n -5），则表示显示除了最后5行的其他行。

5. tail 命令

tail命令用法与head类似，但作用相反，用于指定显示文档的最后几行。

【语法】

tail [选项] 文件

【选项】

-n：指定输出的行数（最后几行），如果要输出第某行到最后的内容，数字前加"+"符号。

-f：监测文件内容，如果目标文件有新内容输入，则将新内容显示出来。

动手练 显示历史命令的最后6行内容

执行效果如图4-18所示。

图 4-18

4.3.5 文档的搜索与筛选

在Linux中文档非常多，如何快速地搜索出需要的文件，需要使用Linux的搜索功能。除了可以搜索文档外，还可以在文档中对内容进行搜索与筛选，并显示给用户。

1. 文档的搜索

文档的搜索可以使用which、locate、find命令。

（1）使用which命令搜索

该命令主要用来查找命令，可以搜索Linux中命令所在的目录。

【语法】

which 命令

动手练 查找cat命令的路径

```
wlysy001@vmubuntu:~$ which cat
/usr/bin/cat
```

（2）使用locate命令搜索

该命令不仅可以搜索命令，所有的文件都可以搜索。因为该命令并不集成在Ubuntu中，在使用前需要进行安装。需要使用命令"sudo apt install mlocate"，如图4-19所示。

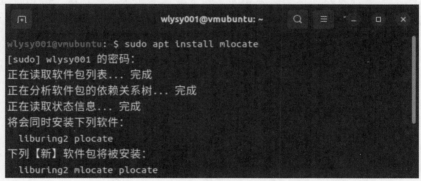

图 4-19

【语法】

locate [选项] 文件

【选项】

-c：输出查找到的文件个数。

-l n：查找并显示前n个找到的内容。

动手练 查找sources.list的位置

可以使用locate命令查找所有包含关键字"sources.list"的目录和文件。如果比较多，还可以使用选项"-l"限制显示的行数，执行效果如下：

```
wlysy001@vmubuntu:~$ locate -c sources.list
16                        // 有16个包含该关键字的文件
wlysy001@vmubuntu:~$ locate sources.list
/etc/apt/sources.list              // 筛选出需要的内容
/etc/apt/sources.list.d
/etc/apt/sources.list.save
/snap/core20/1587/etc/cloud/templates/sources.list.debian.tmpl
/snap/core20/1587/etc/cloud/templates/sources.list.ubuntu.tmpl
```

注意事项 创建索引

locate命令的执行速度很快，是因为locate并不是直接搜索文件，而是在搜索前，先为所有的文件创建一个索引数据库，存放在/var/lib/mlocate/mlocate.db文件中。locate通过搜索该索引数据库查找文件。优势是速度快，劣势是需要经常更新该索引数据库，否则要么找不到文件，要么找到文件是已经被删除的。可以使用命令"sudo updatedb"来更新索引。

（3）使用find命令搜索

find命令就是直接在硬盘上搜索文件，而不需要使用索引数据库。简单方便，但速度可能没有locate命令快。

【语法】

find [目录] [选项] 文件

【选项】

-mtime ±n：-n，n天内；+n，n天前；n，向前的第n天。

-atime：访问时间。

-ctime：状态改变时间。

-newer：相对于某文件更新的时间。

-user：属于某用户的文件。

-name：根据文件名查找。

-type：根据文件类型查找，后面可跟d、p等文件类型的符号。

动手练 在系统中搜索sources.list文件

默认情况下，find命令仅在当前及下级目录下搜索，如果要全盘搜索，需要带上目录"/"。另外很多目录的查找需要管理员权限，这里可以使用sudo。因为对文件名搜索，所以需要选项"-name"，执行效果如下。

```
wlysy001@vmubuntu:~$ sudo find / -name sources.list
/etc/apt/sources.list
/usr/share/doc/apt/examples/sources.list
```

此时列出了所有符合要求的文件，并显示文件的路径。

2. 文档内容的搜索与显示

在Linux中，不仅可以搜索文件，对于某个文件，还可以在文件中搜索某内容，并筛选出来，显示给用户，所使用的命令是grep。

【语法】

grep [选项] [筛选内容] 文件

【选项】

-i：在搜索时忽略大小写。

-n：显示结果所在行号。

-c：统计匹配到的行数。注意，是匹配到的总行数，不是匹配到的次数。

-o：只显示符合条件的字符串，不整行显示，每个符合条件的字符串单独显示一行。

-v：输出不带关键字的行（反向查询，反向匹配）。

-w：完全匹配整个单词，如果字符串中包含这个单词，则不作匹配。

-e：实现多个选项的匹配，逻辑或关系。

-E：使用扩展正则表达式，而不是基本正则表达式，在使用"-E"选项时，相当于使用egrep。

动手练 按指定条件筛选行

在数据源配置文件中，将所有数据源网站所在的行都显示出来，并带上行号。通过这种方法，可以查看更换数据源需要修改哪些内容。显示行号，需要加上选项"-n"，执行效果如图4-20所示。筛选的内容会高亮显示。

图 4-20

4.4 文件的编辑

在修改配置文件时，如果要对文件内容进行编辑，就需要使用文件编辑器。在Linux中，可以使用多种编辑器对文件进行编辑。

4.4.1 文件编辑器

文件编辑器的主要功能是处理Linux中的文档，包括创建、添加、查找、修改、复制、粘贴文档内容等。Linux可以用的编辑器非常多，如前面在修改镜像源时使用的系统自带的编辑器vi，就是以前经常使用的编辑器，现在经常使用的是vim编辑器。

vim是从vi发展出来的一个文本编辑器。代码补全、编译及错误跳转等方便编程的功能特别丰富，在程序员中被广泛使用，和Emacs并列成为类UNIX系统用户最喜爱的文本编辑器。

vim的设计理念是命令的组合。用户学习了各种各样的文本间移动、跳转的命令和其他的普通模式的编辑命令，如果能够灵活组合使用，能够比使用那些没有模式的编辑器更加高效地进行文本编辑。而且vim与很多快捷键设置和正则表达式类似，可以辅助记忆，并且vim针对程序员做了优化。

vim是vi的加强版，比vi更容易使用。vi的命令几乎都可以在vim上使用。vim有图形界面，也有命令行界面，如图4-21、图4-22所示。

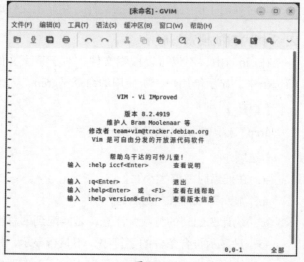

图 4-21

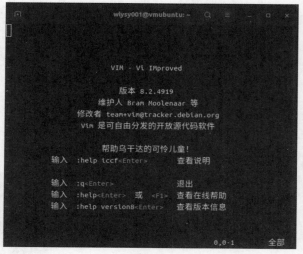

图 4-22

Ubuntu默认并不安装vim编辑器，而是需要联网下载。vim的安装命令是"sudo apt install vim-gtk"，在前面介绍使用镜像源安装软件时已经介绍过，下面重点介绍该编辑器的使用方法。

4.4.2　vim的工作模式

vim共有三种工作模式：命令模式、输入模式、末行模式。通过不同模式的不同功能，可完成复杂的文档编辑要求。

1. 命令模式

命令模式也叫作命令行模式，进入vim界面时默认处于该模式，该模式无法编辑，可以通过命令对文件内容进行处理，例如可以删除、移动、复制等。此时从键盘上输入的任何字符都被当成编辑命令，如果字符是合法的，vim会接收并完成对应的操作。

在命令模式可以使用命令切换到文本输入模式（下面会介绍），若要使用其他的文本输入命令，可以按Esc键返回命令行模式，再使用各种编辑命令。

2. 输入模式

进入输入模式后，用户可以移动光标，在光标位置对文档内容进行添加、删除等操作。在从命令模式进入输入模式时，可以使用以下按键，如表4-3所示。

表 4-3

按键	功能
i	从当前光标所在处插入
I	从当前光标所在行的第一个非空格处开始插入
a	从当前光标所在的下一个字符处开始插入
A	从光标所在行的最后一个字符处开始插入
o	从当前光标所在行的下一行插入新的一行
O	从当前光标所在行的上一行插入新的一行
r	替换光标所在处的字符一次
R	替换光标所在处的文字，直到按下Esc键为止

3. 末行模式

在命令模式中，输入":"会进入末行模式，提示符为":"。在末行模式执行完命令或删除所有内容后，会自动返回命令行模式。在末行模式中，输入内容及其含义如表4-4所示。

表4-4

输入	含义
:w	将当前文档的内容保存到文件中
:w!	若文件属性为"只读"，强制写入该文件
:q	退出vim
:q!	不保存，强制退出
:wq	正常的保存并退出
:w文件名	将文件另存为
/字符	向下查找该字符
?字符	向上查找该字符
n	重复前一个查找操作
N	反向进行前一个查找操作
:set nu	将光标移动到第一行的行首

4. 三种模式之间的切换

三种模式之间的切换如图4-23所示。

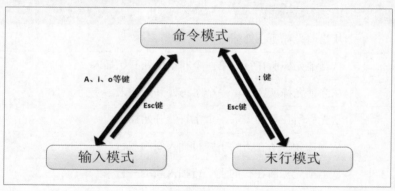

图 4-23

从图4-23可以了解到以下内容：

- 命令模式切换到输入模式：按i、I、a、A、o键等。
- 输入模式切换到命令模式：按Esc键。
- 命令模式切换到末行模式：按:键。
- 末行模式切换到命令模式：按Esc键。
- 输入模式和末行模式无法直接切换，只能先切换到命令行模式，再切换到其他模式。

其他编辑器

除了vim和vi编辑器外，在Ubuntu中还经常使用nano编辑器，如图4-24所示，以及图形界面常用的gedit编辑器，如图4-25所示。

图 4-24

图 4-25

4.4.3　vim基本操作

在输入模式中，主要是对文字部分的输入和删除；在末行模式中，主要是查找、更改、保存、退出等；命令模式反而是比较复杂、功能最多且需要经常使用的模式。

在命令模式中，主要有光标的基本操作、屏幕的基本操作以及文本的修改操作。

1. 光标的基本操作

在命令模式下，操作光标，快速定位到需要编辑的位置，是文本处理的基本要求。下面介绍一些常见的功能命令及含义，如表4-5所示。

表 4-5

操作命令	含义
h或←	光标向左移动一个字符
l或→	光标向右移动一个字符
k或↑	光标向上移动一个字符
j或↓	光标向下移动一个字符
+	光标移动到非空格符的下一行
-	光标移动到非空格符的上一行
n+空格键	按下数字n后再按空格键，光标会向右移动n个字符
0或Home键	移动到光标所在行的行首

操作命令	含义
$或End键	移动到光标所在行的行尾
H	光标移动到屏幕第一行的第一个字符
M	光标移动到屏幕中央的行的第一个字符
L	光标移动到屏幕最后一行的第一个字符
G	光标移动到文本的最后一行
nG	光标移动到文本的第n行，n为行数
gg	光标移动到文本的第一行
n+回车键	光标向下移动n行，n为行数

2. 屏幕的操作

在命令行模式及输入模式，图形界面的终端窗口都可以使用鼠标滚轮操作。而在虚拟终端，需要使用键盘快捷键进行操作，如表4-6所示。

表 4-6

组合键	作用
Ctrl+F	屏幕向下滚动一页，相当于PgDn功能键
Ctrl+B	屏幕向上滚动一页，相当于PgUp功能键
Ctrl+D	屏幕向下滚动半页
Ctrl+U	屏幕向上滚动半页

3. 文本的修改操作

在命令行模式中，可以通过命令对文档进行编辑操作，包括删除整行、删除特定内容、复制特定内容、撤销、重复等，如表4-7所示。

表 4-7

操作命令	功能
x	删除光标所在位置的字符
dd	删除光标所在的行
n+x	从光标所在位置向后删除n个字符
n+dd	从光标所在行向下删除n行
yy	复制光标所在行

操作命令	功能
n+yy	从光标所在行向下复制n行
n+yw	复制从光标所在位置向后的n个字符串
p	将复制或最近一次删除的字符串或行粘贴在当前光标所在位置
u	撤销上一步操作
.	重复上一步操作

4. 编辑实例

下面通过编辑软件源的实例介绍使用vim的基本编辑过程。

Step 01 使用命令"sudo cp /etc/apt/sources.list /etc/apt/sources.bak"备份当前的软件源，并使用"sudo vim /etc/apt/sources.list"命令，验证后进入软件源的文件中。

Step 02 将光标移动到注释行，使用dd删除所有不需要的注释内容，以方便更改，整理后如图4-26所示。

图 4-26

Step 03 在命令模式下，输入":1,$s/cn99.com/nju.edu.cn/g"并执行，如图4-27所示。

图 4-27

知识拓展

替换的命令含义

"1,$"代表从文档的起始部分到结束部分，是替换的范围。"s/a/b"中s是替换命令，查找a，并替换成b。"/g"代表替换目标行中所有匹配的字符串，否则仅替换搜索到的一个字符串。

Step 04 此时软件源已经修改完毕，按照前面介绍的内容，可以精简软件源。将光标移动到第7行，输入"1yy"，复制该行，使用P再增加一行，将光标移动到第7行"jammy-backports"的"-"上，输入x删除字符，删除后如图4-28所示。

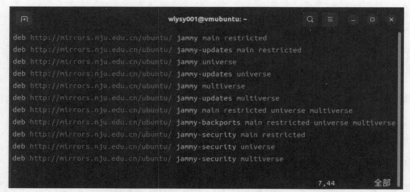

图 4-28

Step 05 输入o插入一个新行，按照标准，手动输入"jammy-updates"行。

Step 06 继续复制该行，粘贴后，输入i进入编辑状态，修改该行为"jammy-security"。然后删除除了该4行的其他内容，最后效果如图4-29所示。

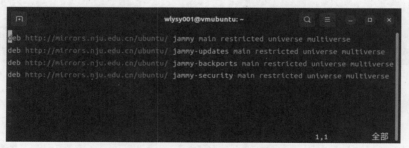

图 4-29

Step 07 在命令模式中，输入":"进入末行模式，继续输入wq，即保存退出，完成更改。

接下来可以按照前面介绍的内容，更新软件源。

在Windows中，经常使用WinRAR等压缩软件对文件、文件夹等进行压缩，以便缩小体积，然后使用各种通信工具进行传输。在Linux中，也可以将文件进行压缩，但仅对单文件生效。如果要操作目录，需要先归档后再进行压缩。下面重点介绍在Linux中常见的压缩工具的使用。

4.5.1 使用gzip压缩与解压文件

gzip是若干种文件压缩程序的简称，通常指GNU计划的实现，此处的gzip代表GNU zip。也经常用来表示gzip这种文件格式。在Ubuntu中，可以使用gzip命令调用该压缩程序，快速完成文件的压缩与解压。

【语法】

gzip [选项] 文件

【选项】

-c：将压缩内容输出到屏幕，原文件保持不变，支持通过重定向处理输出内容。

-d：解压缩文件。

-l：输出压缩包内存储的原始文件信息，如解压后的文件名、压缩率等。

-#：指定压缩的等级，1～9压缩率依次增大，压缩速度也会变慢，默认等级为6。

-k：保留原文件进行压缩或解压。

1. 使用 gzip 压缩文件

使用gzip压缩文件时，可以不带选项，执行效果如下。

```
wlysy001@vmubuntu:~$ ls
公共的 模板 视频 图片 文档 下载 音乐 桌面 snap
wlysy001@vmubuntu:~$ touch 123.txt
wlysy001@vmubuntu:~$ ls
123.txt 公共的 模板 视频 图片 文档 下载 音乐 桌面 snap
wlysy001@vmubuntu:~$ gzip 123.txt
wlysy001@vmubuntu:~$ ls
123.txt.gz 公共的 模板 视频 图片 文档 下载 音乐 桌面 snap
// 可以看到原文件 123.txt 已经消失，如果要保留原文件，加上选项 "-k" /snap/core20/
1587/etc/cloud/templates/sources.list.ubuntu.tmpl
```

2. 使用 gzip 解压文件

使用gzip解压的文件，默认是以 ".gz" 结尾的文件，在解压时，需要使用选项 "-d"，执行后效果如下。

```
wlysy001@vmubuntu:~$ ls
123.txt.gz 公共的 模板 视频 图片 文档 下载 音乐 桌面 snap
wlysy001@vmubuntu:~$ gzip -d 123.txt.gz
wlysy001@vmubuntu:~$ ls
123.txt 公共的 模板 视频 图片 文档 下载 音乐 桌面 snap
// 解压后，压缩文件 123.txt.gz 消失，解压出原文件
```

4.5.2　使用bzip2压缩与解压文件

bzip2是一个基于Burrows-Wheeler变换的无损压缩软件，压缩效果比传统的LZ77、LZ78压缩算法好。它是一款免费软件，可以自由分发、免费使用，广泛存在于UNIX和Linux的许多发行版本中。bzip2能够进行高质量的数据压缩，利用先进的压缩技术，能够把普通的数据文件压缩10%～15%，压缩的速度和解压的效率都非常高，支持大多数压缩格式，包括tar、gzip等。在Ubuntu中，调用bzip2程序的命令也是bzip2。

【语法】

bzip2 [选项] 文件

【选项】

与gzip基本一致。

1. 使用 bzip2 保留原文件压缩

如果要保留原文件，可以加上选项"-k"，使用bzip2压缩文件的执行效果如下。

```
wlysy001@vmubuntu:~$ touch 123.txt
wlysy001@vmubuntu:~$ ls
123.txt 公共的 模板 视频 图片 文档 下载 音乐 桌面 snap
wlysy001@vmubuntu:~$ bzip2 -k 123.txt          //-k 保留原文件
wlysy001@vmubuntu:~$ ls
123.txt 123.txt.bz2 公共的 模板 视频 图片 文档 下载 音乐 桌面 snap
// 原文件 123.txt 保留，并压缩为 123.txt.bz2
```

2. 使用 bzip2 解压文件

bzip2压缩后的文件以".bz2"结尾，可以加上选项"-d"来解压压缩包，如果要保留原文件，则仍然使用选项"-k"，执行效果如下。

```
wlysy001@vmubuntu:~$ ls
123.txt.bz2 公共的 模板 视频 图片 文档 下载 音乐 桌面 snap
wlysy001@vmubuntu:~$ bzip2 -k -d 123.txt.bz2
wlysy001@vmubuntu:~$ ls
123.txt 123.txt.bz2 公共的 模板 视频 图片 文档 下载 音乐 桌面 snap
// 保留 bzip2 压缩包的解压操作完成
```

4.5.3 归档压缩与查看

文件较多的情况下就要使用Linux最常见的归档压缩工具tar，该命令可以将多个文件合并成一个压缩包。该命令没有压缩功能，一般同gzip或bzip2配合使用，实现文件的压缩与打包。

1. 命令用法

tar命令的用法如下。

【语法】

tar [选项] 文件名

【选项】

-c：新建打包文件。

-t：查看打包文件中包含哪些文件。

-x：解压文件包。

-j：通过bzip2的支持进行压缩/解压缩。

-z：通过gzip的支持进行压缩/解压缩。

-C：指定解包的目标路径。

-p：打包过程中保留源文件的属性和权限。

-v：输出打包过程正在处理的文件名。

-f：指定压缩后的文件名。

2. 将目录打包压缩

将目录打包压缩，需要指定压缩后的文件名以及需要压缩的文件夹名，需要使用选项"-czvf"，执行效果如下。

```
wlysy001@vmubuntu:~$ ls
123 公共的 模板 视频 图片 文档 下载 音乐 桌面 snap
wlysy001@vmubuntu:~$ ls 123
1.txt 2.txt 3.txt
wlysy001@vmubuntu:~$ tar -czvf 123.tar.gz 123
 // 将 123 目录打包压缩，并重命名为 123.tar.gz
123/
123/1.txt
123/2.txt
123/3.txt
wlysy001@vmubuntu:~$ ls
123 123.tar.gz 公共的 模板 视频 图片 文档 下载 音乐 桌面 snap     //打包压缩完毕
```

动手练 查看压缩包中的内容

可以使用选项"-t"查看压缩包中的内容，执行效果如下。

wlysy001@vmubuntu:~$ tar -tzvf 123.tar.gz
drwxrwxr-x wlysy001/wlysy001 0 2023-01-14 15:02 123/
-rw-rw-r-- wlysy001/wlysy001 0 2023-01-14 15:02 123/1.txt
-rw-rw-r-- wlysy001/wlysy001 0 2023-01-14 15:02 123/2.txt
-rw-rw-r-- wlysy001/wlysy001 0 2023-01-14 15:02 123/3.txt

4.5.4 解压缩包

将文件打包压缩后，可以使用解压缩包操作来还原压缩文件，使用选项"-xzvf"，执行效果如下。

wlysy001@vmubuntu:~$ ls
123.tar.gz 公共的 模板 视频 图片 文档 下载 音乐 桌面 snap
wlysy001@vmubuntu:~$ tar -xzvf 123.tar.gz
123/
123/1.txt
123/2.txt
123/3.txt
wlysy001@vmubuntu:~$ ls
123 123.tar.gz 公共的 模板 视频 图片 文档 下载 音乐 桌面 snap
wlysy001@vmubuntu:~$ ls 123
1.txt 2.txt 3.txt   // 解压后还原目录123，包括内部的文件

 4.6 重定向与管道

执行命令时，通常会自动打开3个文档：标准输入文档、标准输出文档以及标准错误输出文档。标准输入对应终端的键盘，标准输出和标准错误输出对应终端屏幕。进程从标准输入文档获取输入数据，将正常的输出数据输出到标准输出文档，将错误信息输出到标准错误文档。但有时并不使用默认的输出或输入，就需要使用输入或输出重定向。

4.6.1 输入重定向

从标准输入录入数据时，输入的数据系统没有保存到本地，使用一次后，输入的内容就会消失，下次需要重新输入。而且在终端输入时，如果输入错误，修改起来也不方便，所以需要将输入从标准输入定义到一个位置，这就是输入重定向。

Linux支持将命令的输入由键盘转到文件，也就是说输入并不来自于键盘，而是一个指定文件。这样输入大量数据时就非常方便、安全、可靠且效率较高。在使用时，通过"<"和"<<"表示输入与结束输入。这里使用一个新命令wc来统计文档信息，默认情况下，统计行数、字数和字节数。

【语法】

wc [选项] 文件

【选项】

-l：统计行数。

-w：统计字数。

-c：统计字节数。

动手练 **比较wc和输入重定向的区别** ────────────────●

两者一个是命令，另一个是从文件输入，结果相同，但原理完全不同，执行效果如下。

```
wlysy001@vmubuntu:~$ wc /etc/apt/sources.list
 4  28 347 /etc/apt/sources.list
wlysy001@vmubuntu:~$ wc < /etc/apt/sources.list
 4  28 347
```

动手练 **按条件输出指定内容** ──────────────────────●

使用键盘输入内容，当遇到eof时，停止输入并显示所有输入内容。cat命令接受一个文件作为参数，然后把这个文件的内容链接到标准输出上，以多个文件作为参数时，可以将这些文件的内容连接到一起，输出到标准输出上。输入cat后按回车键，系统会等待从标准输入获取输入，再输出到标准输出上，直到遇到设置的结束字符，这里是eof，执行结果如下。

```
wlysy001@myubuntu:~$ cat <<eof
> aaa                          // 用户输入数据
> bbb                          // 同上
> eof                          // 符合结束条件，进行输出
aaa
bbb
```

4.6.2 输出重定向

输出到屏幕上的数据只能看而不能进行处理，在Linux中支持将输出重新定向到文件中，也就是写入文件，而不在屏幕上显示。此时使用">"代表替换，使用">>"代表追加。在Linux中，如果遇到过长的文档时，可以输出后再仔细查看。

此外，输出重定向还能将一个命令的输出作为另一个命令的输入，这就是管道命令。例如将cat的结果写入文件中，效果如图4-30所示。

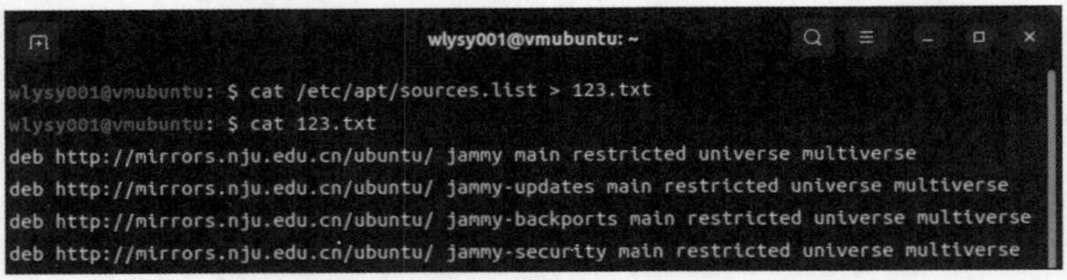

图 4-30

4.6.3 管道

管道是一个由标准输入输出连接起来的进程集合，是一个连接2个进程的连接器。管道的命令操作符号是"|"，将左侧的输出结果作为右侧的输入信息。功能上，管道类似于输入输出重定向，但管道触发的是"|"两边的2个子进程，而重定向执行的是一个进程。在使用管道时，需要注意以下几点：管道是单向的，一端只能输入，另一端只能输出，并遵循先进先出的原则；管道命令只处理前一个子进程的正确输出，如果输出是错误的，则不进行处理；管道符号右侧的命令，必须支持接收标准输入流命令；多个管道符号可以一起使用。

动手练 统计当前目录信息

列出当前目录中的详细信息，然后交给wc统计，执行效果如下。

```
wlysy001@vmubuntu:~$ ll | wc -l            //-l 统计行数
25                                         // 统计为 25 行
wlysy001@vmubuntu:~$ ll                     // 验证
总用量 92                                    // 不是目录和文件
drwxr-x--- 16 wlysy001 wlysy001 4096  1 月 14 16:26 ./ // 同上
drwxr-xr-x 3 root    root    4096  1 月  2 11:40 ../ // 同上
-rw-rw-r-- 1 wlysy001 wlysy001  347  1 月 14 16:26 123.txt
drwxr-xr-x 2 wlysy001 wlysy001 4096  1 月  2 12:23 公共的 /
drwxr-xr-x 2 wlysy001 wlysy001 4096  1 月  2 12:23 模板 /
```

最后所有的目录和文件为25-3，共有22个。

技能延伸：使用rar压缩与解压

安装了Ubuntu后，默认会自带gzip和bzip2程序，可以直接使用。但现在互联网上使用rar格式的压缩包很多，在Ubuntu中，也可以对该格式的压缩包进行解压，或者压缩成rar格式的压缩包。

1. 安装压缩与解压工具

默认情况下，Ubuntu并没有压缩与解压程序，需要使用命令"sudo apt install rar"安装压缩工具。

图 4-31

2. 命令用法

rar命令的用法如下。

【语法】

rar [选项] 压缩文件名 文件

【选项】

a：添加文件到压缩文件。

d：删除压缩文件中的文件。

e：解压压缩文件到当前目录。

f：刷新压缩文件中的文件。

rn：重命名压缩文件。

t：测试压缩文件。

u：更新压缩文件中的文件。

x：用绝对路径解压文件。

3. 压缩文件

如果压缩的文件较多，可以将文件先复制或移动到目录中，对目录下的所有文件进行压缩即可。压缩时使用命令rar调用压缩程序，执行效果如下。

```
wlysy001@vmubuntu:~$ ls
公共的 模板 视频 图片 文档 下载 音乐 桌面 snap
wlysy001@vmubuntu:~$ mkdir 123
```

wlysy001@vmubuntu:~$ touch 123/1.txt 123/2.txt 123/3.txt

wlysy001@vmubuntu:~$ ls 123

1.txt 2.txt 3.txt

wlysy001@vmubuntu:~$ rar a 123.rar 123/ // 将 123 目录中的文件压缩并命名

RAR 5.50   Copyright (c) 1993-2017 Alexander Roshal   11 Aug 2017

Trial version   Type 'rar -?' for help

Evaluation copy. Please register.

Creating archive 123.rar

Adding   123/1.txt   OK

Adding   123/2.txt   OK

Adding   123/3.txt   OK

Done

wlysy001@vmubuntu:~$ ls

123 123.rar 公共的 模板 视频 图片 文档 下载 音乐 桌面 snap

4. 解压文件

解压文件需要使用参数"e"，执行效果如下。

wlysy001@vmubuntu:~$ ls

123 123.rar 公共的 模板 视频 图片 文档 下载 音乐 桌面 snap

wlysy001@vmubuntu:~$ ls 123

wlysy001@vmubuntu:~$ rar e 123.rar 123/ // 将文件解压到当前目录 123

RAR 5.50   Copyright (c) 1993-2017 Alexander Roshal   11 Aug 2017

Trial version   Type 'rar -?' for help

Extracting from 123.rar

Extracting 123/1.txt   OK

Extracting 123/2.txt   OK

Extracting 123/3.txt   OK

All OK

wlysy001@vmubuntu:~$ ls

123 123.rar 公共的 模板 视频 图片 文档 下载 音乐 桌面 snap

wlysy001@vmubuntu:~$ ls 123

1.txt 2.txt 3.txt

第 5 章
用户与权限管理

　　Linux系统是一个多用户多任务的分时操作系统，使用者通过系统中的系统账户登录Linux系统，并按照所赋予的权限管理系统给予不同的用户类型不同的权限、不同的资源使用许可，本章将重点介绍用户、用户组的管理以及文件及目录的权限管理。

重点难点

- 用户与用户组简介
- 用户与用户组的管理
- 文件及目录的权限管理

5.1 Linux用户与用户组

Linux系统中，有些命令和资源需要管理员的权限才能使用和访问，这就需要通过不同的账户来区分不同的权限，从而方便Linux的系统管理。为了能够让用户更加合理、安全地使用Linux系统，Linux有一整套用户管理功能，包括用户与用户组的管理，下面进行详细介绍。

5.1.1 用户简介

Linux系统是一个多用户、多任务的分时操作系统，任何一个要使用系统资源的用户，必须首先向系统管理员申请一个账号，然后以这个账号的身份进入系统。用户的账号一方面可以帮助系统管理员对使用系统的用户进行跟踪，并控制他们对系统资源的访问；另一方面也可以帮助用户组织文件，并为用户提供安全性保护。

每个用户账号都拥有一个唯一的用户名和口令。用户在登录时输入正确的用户名和口令后，就能够进入系统和自己的主目录。实现用户账号的管理，要完成的工作主要有用户账号的添加、删除与修改，用户口令的管理，用户组的管理，等等。

5.1.2 用户的分类

Linux系统中的用户可以分为三类：超级用户、系统用户和普通用户。

1. 超级用户

名为root的用户是系统中默认的超级用户，它在系统中的任务是对普通用户和整个系统进行管理。root对系统具有绝对的控制权，能够对系统进行一切操作，可以修改、删除任何文件，运行任何命令。由于其权限过大，所以在系统中默认只能临时使用其权限，默认密码也是随机的，主要是防止黑客的恶意提权。

特殊的用户

在安装操作系统时，创建的用户虽然是普通用户，但可以拥有更高的权限，如创建用户等。

2. 普通用户

普通用户是为了让使用者能够使用Linux系统资源，而由root用户或其他管理员用户创建的，拥有的权限受到一定限制，一般只在用户自己的主目录中有完全权限，如创建文件、目录，浏览、查看及修改文件内容等。普通用户的登录路径为/bin/bash，用户主目录在/home目录下的用户同名目录中。普通用户在其他位置进行操作时会被限制，提示"权限不够"，如图5-1所示。

图 5-1

3. 系统用户

在安装Linux系统及一些服务程序时，会添加一些特定的低权限的用户，这就是系统用户（程序用户）。系统用户主要是为了用于维持系统或某些服务程序的正常运行，这些用户的使用者并非自然人，而是系统的组成部分，用来完成系统中的一些高级操作，但一般不允许登录系统，而且这些用户的主目录也不在/home目录中。例如运行常见的电子邮件进程的系统用户mail；运行Apache网页服务的系统用户apache等。

5.1.3 用户与用户组标识符

在Linux系统中用来记录和识别用户的并不是用户账户名称，而是在创建该用户时，为该用户指定的一个用户ID号。该ID号在系统中唯一，也叫作用户标识符、用户ID号或UID号。UID用于标识系统中的用户，以及确定用户可以访问的系统资源。只有标识符是唯一的，才能够更好地控制用户的权限。其中root的ID号为0，系统用户的ID号为1～999，普通用户的ID号为1000～65535。

类似地，除了用户外，组也有其ID号，叫作用户组标识符，也叫作组ID号或GID号。系统会根据组ID号来识别组中成员的权限，并赋予该组中的用户相应的权限。

5.1.4 用户信息的查看

在Linux系统中，主要存放用户信息的文件是passwd和shadow。

1. 查看用户主要信息

在Linux中，所有用户的主要信息都存放在"/etc/passwd"中，用户可以使用前面介绍的命令查看该文件中的内容，了解当前系统中用户的各种信息。普通用户可以浏览及查看该文件，管理员用户可以修改该文件中的内容。执行"查看"命令后，该文件的内容显示如下。

```
wlysy001@vmubuntu:~$ cat /etc/passwd
root:x:0:0:root:/root:/bin/bash
daemon:x:1:1:daemon:/usr/sbin:/usr/sbin/nologin
bin:x:2:2:bin:/bin:/usr/sbin/nologin
sys:x:3:3:sys:/dev:/usr/sbin/nologin
...
```

gnome-initial-setup:x:125:65534::/run/gnome-initial-setup/:/bin/false

hplip:x:126:7:HPLIP system user,,,:/run/hplip:/bin/false

gdm:x:127:133:Gnome Display Manager:/var/lib/gdm3:/bin/false

wlysy001:x:1000:1000:wlysy001,,,:/home/wlysy001:/bin/bash

fwupd-refresh:x:128:136:fwupd-refresh user,,,:/run/systemd:/usr/sbin/nologin

在该文件中，每一行代表一个用户的配置信息，信息的字段之间以":"分隔，格式如下：

username:password:uid:gid:userinfo:home:shell

其中各字段的含义如下。

- **username**：用户账户名称，也称为用户名。
- **password**：原本是存放用户密码，为了保证账户的安全性，都被替换成了x，实际的密码存储在/etc/shadow文件中。
- **uid**：用户ID，Linux内核通过该字段识别用户，也就是前面介绍的UID号。
- **gid**：用户组ID，Linux内核通过该字段识别用户组，组名和GID的对应关系存放在/etc/group文件中。
- **userinfo**：帮助识别用户信息的文本，也可以省略为空。
- **home**：用户登录Linux时主目录的位置，可以设置为其他目录。
- **shell**：用户登录时默认的Shell环境，Ubuntu的默认Shell是"/bin/bash"，不允许登录的用户显示"/usr/sbin/nologin"。

2. 查看用户密码信息

在Linux中，密码并不是存放在/etc/passwd中，而是存放在/etc/shadow中，与passwd不同，shadow只能使用管理员权限才能查看。在shadow文件中，密码也不是以明文或者MD5加密的方式存在，而是使用了更新的"影子密码"技术进行存储，所以更安全。通过命令查看该文件的效果如下，其中用户的排列顺序和passwd中的一致。

wlysy001@vmubuntu:~$ cat /etc/shadow

```
cat: /etc/shadow: 权限不够
wlysy001@vmubuntu:~$ sudo cat /etc/shadow
[sudo] wlysy001 的密码：
root:!:19359:0:99999:7:::
daemon:*:19213:0:99999:7:::
bin:*:19213:0:99999:7:::
sys:*:19213:0:99999:7:::
……
gnome-initial-setup:*:19213:0:99999:7:::
hplip:*:19213:0:99999:7:::
gdm:*:19213:0:99999:7:::
wlysy001:$y$j9T$qdUJRWwweUp.s4HQJKsge.$mxYdTdj0sLJHJ4oZzH2eamrjfy9wMCb
RiIxZYOzWHW6:19359:0:99999:7:::
fwupd-refresh:*:19359:0:99999:7:::
```

shadow文件中，每一行对应着一个用户账户，其格式如下：

username:password;lastchg:min:max:warn:inactive:expire:flag

各字段的含义如下。

- **username**：用户登录账户名。
- **password**：加密的用户密码。

注意事项 加密密码

　　这串密码产生的乱码不能手动修改，如果手动修改，系统将无法识别密码，导致密码失效。很多软件通过这个功能，在密码串前加上"!""*"或"x"，使密码暂时失效。

- **lastchg**：自1970年1月1日起到上次修改口令所经历的天数，19359换算过来是2023年1月18日更改的密码。
- **min**：两次修改口令之间至少经过的天数，或者说该天数内不能更改密码。0代表可以随时更改。
- **max**：口令有效的最大天数，到期后需要重新设置密码。99999是永不过期。如果用户不自行更改密码，到期后，用户登录时会被强制修改密码后才可以继续使用。
- **warn**：口令失效前多少天内向用户发出警告，7代表7天，即7天内，每次登录都会提醒用户需要更改密码。
- **inactive**：密码过期后的宽限天数，也就是过期后还有几天时间允许用户自行更改密码，超过此天数，密码失效，无法验证并自行更改密码，也不会提示账户过期，相当于账号被完全禁用。
- **expire**：账号失效时间，和lastchg一样，是自1970年1月1日起累计的天数，超过该日期后无论密码是否过期都无法使用。

- **flag：**保留，以后添加新功能后可能会用到。

5.1.5　用户组简介

用户组是具有相同特性的用户的集合，可以包含多个用户。在Linux中每个用户都有一个默认的用户组，系统可以对一个用户组中的所有用户进行集中管理。Linux使用GID来识别每个用户组，并赋予该用户组权限。

对于Linux中的文件来说，每个文件必须有一个所有者，也必须有一个与每个用户相关的默认用户组。这个默认的用户组成为每个新建文件的组所有者，被称为用户的主要组或基本组。也就是在创建文件时没有指定用户组，那么所创建的文件默认属于与用户名相同的组，这个组就是基本组，也不可以将用户从基本组中删除。

除了默认的基本组外，用户也可以加入其他用户组，这些组被称为次要组或者附加组。附加组可以任意加入或退出，加入后会拥有该用户组的相应权限。一个用户可以加入多个附加组，但只能有一个基本组。

5.1.6　用户组信息的查看

与用户类似，用户组的信息也存放在两个文件中：/etc/group和/etc/gshadow。

1. 查看用户组主要信息

和passwd存放用户的主要信息类似，在/etc/group中也存放着用户组的主要信息。用户可以使用查看命令来浏览该文件中的内容，无须管理员权限，执行效果如下。

```
wlysy001@vmubuntu:~$ cat /etc/group
root:x:0:
daemon:x:1:
bin:x:2:
sys:x:3:
adm:x:4:syslog,wlysy001
tty:x:5:
……
lxd:x:134:wlysy001
wlysy001:x:1000:
sambashare:x:135:wlysy001
fwupd-refresh:x:136:
plocate:x:137:
```

在该文件中，每行的格式如下：

group_name:group_password:group_id:group_members

其中各字段的含义如下。

- **group_name：** 用户组的名称。
- **group_password：** 用户组的密码，已加密，密码存放于/etc/gshadow中。
- **group_id：** 用户组的ID，也就是GID号。
- **group_members：** 使用 "," 分隔的组成员，例如adm管理员组中有syslog和wlysy001两个用户。

知识拓展

筛选用户或用户组进行查看

在查看文件时，可以使用前面介绍的管道功能对结果进行筛选，列出需要的内容。如在用户组中查看用户wlysy001都在哪些组中，执行效果如图5-2所示。

图 5-2

2. 查看用户组密码信息

和shadow文件类似，在/etc/gshadow文件中，保存了用户组的加密密码，查看该文件也需要管理员权限，且组的排列顺序和shadow文件中的组信息对应，执行效果如下。

```
wlysy001@vmubuntu:~$ sudo cat /etc/gshadow
[sudo] wlysy001 的密码：
root:*::
daemon:*::
bin:*::
sys:*::
adm:*::syslog,wlysy001
tty:*::
...
lxd:!::wlysy001
wlysy001:!::
```

sambashare:!::wlysy001

fwupd-refresh:!::

plocate:!::

 # 5.2　用户与用户组的管理

　　用户与用户组的管理是Linux管理员的基本操作，包括用户的管理和用户组的管理，都需要管理员权限。

5.2.1　用户的管理

　　Linux中的用户管理主要围绕用户进行，包括用户账户的新建、查看、删除等内容。

1. 用户的新建

　　用户的新建可以在图形界面，也可以在终端窗口或虚拟终端中使用命令创建。用户的新建可以使用命令useradd，其用法如下。

【语法】

useradd [选项] 用户名

【选项】

-c：加上备注文字，备注文字保存在passwd的备注栏中。

-d：指定用户登录时的起始目录，需要使用绝对路径。

-D：变更预设值。

-e：指定账号的有效期限，默认表示永久有效。

-f：指定在密码过期后多少天即关闭该账号。

-g：指定创建的用户所属的默认用户组。

-G：指定用户所属的附加组。

-m：自动建立用户的主目录。

-M：不要自动建立用户的主目录。

-n：取消建立以用户名称为名的群组。

-r：建立系统账号。

-s：指定用户登录后所使用的Shell，不指定则使用/bin/bash。

-u：指定用户ID号，ID号为一串数字。

-p：在创建用户时同时创建密码。

图形界面新建用户

在Ubuntu的"设置"中，进入"用户"选项卡，如图5-3所示，解锁后添加用户，输入用户名和密码后即可添加，如图5-4所示。

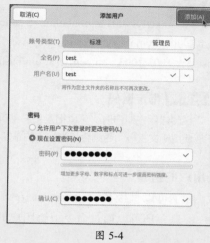

图 5-3　　　　　　　　　　　　　　　　　　图 5-4

动手练 添加用户账户

添加用户时，可以使用useradd命令，执行效果如下。

```
wlysy001@vmubuntu:~$ sudo useradd  user1          // 需要管理员权限
[sudo] wlysy001 的密码：
wlysy001@vmubuntu:~$ sudo grep user1 /etc/passwd /etc/shadow /etc/group   // 创建完毕，查看文件增加的项
/etc/passwd:user1:x:1001:1001::/home/user1:/bin/sh   //ID 是 1001
/etc/shadow:user1:!:19374:0:99999:7:::          //! 代表没有密码
/etc/group:user1:x:1001:          // 同时创建同名的主要组
```

动手练 创建用户并指定其主要组

创建用户并指定主要组需要指定选项"-g"，后面是需要设置的其主要组名，而且该组必须存在，否则会导致用户创建失败，执行效果如下。

```
wlysy001@vmubuntu:~$ sudo useradd -g user1 user2
wlysy001@vmubuntu:~$ sudo grep user2 /etc/passwd /etc/shadow /etc/group
/etc/passwd:user2:x:1002:1001::/home/user2:/bin/sh // 查看到组为 1001
/etc/shadow:user2:!:19374:0:99999:7:::
                    // 在 /etc/group 中，并没有 user2 组
```

动手练 创建用户并指定其Shell环境

系统默认的环境是/bin/sh，能使用正常命令的环境是/bin/bash，但需要在创建时指定，使用的参数是"-s"，执行效果如下。

```
wlysy001@vmubuntu:~$ sudo useradd -s /bin/bash user3
wlysy001@vmubuntu:~$ sudo grep user3 /etc/passwd
user3:x:1003:1003::/home/user3:/bin/bash        // 环境已经修改
```

注意事项 指定密码

在创建用户账户时，可以指定用户密码，需使用选项"-p"，但后面应该跟加密后的密码，而不能使用明文密码，否则会认为输入的是加密字符串，并且无法使用该密码登录系统。

2. 用户的查看

除了可以直接在/etc/passwd、/etc/shadow、/etc/group及/etc/gshadow 4个文件中查看用户信息，还可以通过命令了解用户的账户信息，使用的命令是id。

【语法】

id [选项] 用户名

【选项】

-g：显示用户所属群组的ID。

-G：显示用户所属附加群组的ID。

-n：显示用户所属群组或附加群组的名称。

-r：显示实际ID。

-u：显示用户ID。

如果不加选项，则显示当前用户的uid号、所属群组、附加群组的名称和gid号。

动手练 显示用户的信息

显示用户信息，可以不带参数，直接加上用户名即可，执行效果如下。

```
wlysy001@vmubuntu:~$ id user2
用户 id=1002(user2) 组 id=1001(user1) 组 =1001(user1)
// 可以看到 user2 的 id 为 1002，属于 user1 组
```

【实例】显示用户所属的组信息。

显示用户所属的组信息，可以使用各种参数，执行的效果如下。

```
wlysy001@vmubuntu:~$ id -g wlysy001
1000                                //UID 号为 1000
wlysy001@vmubuntu:~$ id -gn wlysy001
```

wlysy001   // 显示用户名

wlysy001@vmubuntu:~$ id -G wlysy001 // 显示用户加入的所有组的组 ID 号

1000 4 24 27 30 46 122 134 135

wlysy001@vmubuntu:~$ id -Gn wlysy001   // 显示用户加入的所有组的组名

wlysy001 adm cdrom sudo dip plugdev lpadmin lxd sambashare

3. 用户密码的设置

在创建用户后，可以为该用户创建密码，使用的命令是passwd，下面介绍该命令的用法。

【语法】

passwd [选项] 用户名

【选项】

-l：在shadow中给相应用户密码前加上"！"，达到锁定账户的目的。

-u：取消shadow中相应用户密码前的"！"，达到解锁账户的目的。

-n：选项后加天数，修改shadow文件第4个字段——密码更改间隔时间。

-x：选项后加天数，修改shadow文件第5个字段——密码过期天数。

-w：选项后加天数，修改shadow文件第6个字段——密码报警提前天数。

-i：选项后接日期，修改shadow文件第7个字段——禁止登录前的时间。

动手练 为用户创建密码

不使用选项，后面跟用户名，可以为该用户创建或重新设置密码，以对话方式创建，执行效果如下。

wlysy001@vmubuntu:~$ sudo passwd user1

[sudo] wlysy001 的密码：

新的 密码：

重新输入新的 密码：

passwd：已成功更新密码

注意事项 重置密码

管理员不需要知道用户的原始密码，直接使用该命令可以重置密码。为自己的账号更改密码，需要输入当前密码进行验证。

动手练 锁定及解锁用户账户

锁定账户，需要使用选项"-l"，解锁账户需要使用选项"-u"，执行效果如下。

wlysy001@vmubuntu:~$ sudo passwd -l user1

passwd：密码过期信息已更改

wlysy001@vmubuntu:~$ sudo cat /etc/shadow | grep user1

user1:!yj9T$R44OpxoFla9nrlivGIU5I1$VRPGsaFckBw4iNJxNIK4yxFUv8ziNZ7LvBWws

v2Zrj9:19375:0:99999:7::: // 密码前加 "！"，代表该账户已锁定

wlysy001@vmubuntu:~$ sudo passwd -u user1

passwd：密码过期信息已更改

wlysy001@vmubuntu:~$ sudo cat /etc/shadow | grep user1

user1:yj9T$R44OpxoFla9nrlivGIU5I1$VRPGsaFckBw4iNJxNIK4yxFUv8ziNZ7LvBWwsv

2Zrj9:19375:0:99999:7::: // 密码前的 "！" 已经删除，账户已正常

4. 用户属性的更改

前面介绍的用户账户的信息存放在passwd和shadow文件中，可以使用命令usermod修改这些属性信息，该命令的用法如下。

【语法】

usermod [选项] [参数] 用户名

【选项】

-l：修改passwd文件第1个字段内容，即用户名。

-u：修改passwd文件第3个字段内容，即用户的UID。

-g：修改passwd文件第4个字段内容，即用户的GID。

-c：修改passwd文件第5个字段内容，即用户描述信息。

-d：修改passwd文件第6个字段内容，即用户的主目录。

-s：修改passwd文件第7个字段内容，即用户的默认登录Shell环境。

-G：修改group文件第4个字段内容，即将用户添加到其他相应的用户组中。

-L：修改shadow文件第2个字段内容，即用户密码，可以锁定用户使其无法登录。

-U：修改shadow文件第2个字段内容，解锁用户，使用户恢复使用。

-f：修改shadow文件第7个字段内容，也就是密码过期后还允许使用的时间。

-e：修改shadow文件第8个字段内容，也就是用户被禁止登录的准确时间。

-a -G：将用户加入新的附加组。

动手练 锁定及解锁用户

可以使用选项 "-L" 锁定用户，使用选项 "-U" 解锁用户，执行效果如下。

wlysy001@vmubuntu:~$ sudo usermod -L user1

wlysy001@vmubuntu:~$ sudo cat /etc/shadow | grep user1

user1:!yj9T$R44OpxoFla9nrlivGIU5I1$VRPGsaFckBw4iNJxNIK4yxFUv8ziNZ7LvBWwsv2Zrj9:19375:0:99999:7:::

wlysy001@vmubuntu:~$ sudo usermod -U user1

Ubuntu Linux操作系统标准教程（实战微课版）

```
wlysy001@vmubuntu:~$ sudo cat /etc/shadow | grep user1
user1:$y$j9T$R44OpxoFla9nrlivGIU5I1$VRPGsaFckBw4iNJxNIK4yxFUv8ziNZ7LvBWwsv2Zrj9:19375:0:99999:7:::
```

 修改用户的描述信息

修改用户的描述信息，可以让其他人更容易判断该用户账户的归属、用途等，使用"-c"选项，执行效果如下。

```
wlysy001@vmubuntu:~$ sudo usermod -c "test NO1" user1
wlysy001@vmubuntu:~$ sudo cat /etc/passwd | grep user1
user1:x:1001:1001:test NO1:/home/user1:/bin/sh
```

 添加到指定组中

将user2添加到user3组中，可以使用选项"-a"增加组成员，使用"-G"选项加入指定的组即可，执行效果如下。

```
wlysy001@vmubuntu:~$ sudo usermod -a -G user3 user2
wlysy001@vmubuntu:~$ id user2
用户 id=1002(user2) 组 id=1001(user1) 组 =1001(user1),1003(user3)
```

> **知识拓展**
>
> **交互式配置参数**
>
> 除了直接使用命令修改参数外，在Linux中，还有一些命令提供交互式的配置方式，也就是使用对话式，提示用户输入参数，即可完成配置。如添加用户，还可以使用交互式命令adduser，如修改账户信息字段的命令chfn，执行效果如下。
>
> ```
> wlysy001@vmubuntu:~$ sudo chfn user4
> 正在改变 user4 的用户信息
> 请输入新值，或直接按回车键以使用默认值
>     全名 []:
>     房间号码 []:
> ```

5. 用户的删除

删除用户需要管理员权限，可以使用命令userdel来执行该操作，其用法如下。

【语法】

userdel [选项] 用户名

【选项】

-r：删除该用户对应的主文件夹。

-f：强制删除该用户，即使其处于登录状态。

动手练 删除用户

删除前建议备份好该账户中的重要文件，该命令执行效果如下。

```
wlysy001@vmubuntu:~$ sudo userdel user4
wlysy001@vmubuntu:~$ sudo cat /etc/passwd /etc/shadow /etc/group /etc/gshadow | grep user4
wlysy001@vmubuntu:~$          // 找不到任何关于 user4 的记录
```

5.2.2 用户组的管理

和用户的管理类似，用户组的管理也包括创建用户组、删除用户组、管理组成员等内容，下面介绍具体操作。

1. 用户组的新建

新建用户组可以使用命令groupadd，该命令的具体用法如下。

【语法】

groupadd [选项] 用户组名

【选项】

-r：创建系统用户组。

-n：修改组的名称。

动手练 创建用户组

可以使用groupadd命令创建用户组，执行效果如下。

```
wlysy001@vmubuntu:~$ sudo groupadd group1
wlysy001@vmubuntu:~$ sudo cat /etc/group /etc/gshadow | grep group1
group1:x:1004:
group1:!::
```

2. 用户组的删除

删除用户组可以使用命令groupdel，该命令的使用方法如下。

【语法】

groupdel 组名

动手练 删除用户组

删除用户组，执行效果如下。

```
wlysy001@vmubuntu:~$ sudo groupdel group1
wlysy001@vmubuntu:~$ sudo cat /etc/group /etc/gshadow | grep group1
```

```
wlysy001@vmubuntu:~$            // 已经找不到创建的用户组了
```

注意事项 删除非空用户组

上面介绍的删除方法是用户组中没有用户，如果用户组中含有用户，则分成两种情况。一种是该用户组属于某个用户的主用户组，除非删除用户或更改该用户的默认组，否则无法删除，会报错，如图5-5所示。

```
wlysy001@myubuntu: $ sudo groupdel user1
groupdel: 不能移除用户"user1"的主组
```

图 5-5

另一种情况是如果该组不属于用户的主用户组，而属于附加组，则会删除，如图5-6所示。

```
wlysy001@myubuntu: $ sudo groupdel group1
wlysy001@myubuntu: $ ▮
```

图 5-6

3. 用户组成员的添加与删除

除了在创建用户时指定组、修改用户所属组外，还可以创建组后使用gpasswd命令添加和删除组中的成员，该命令的用法如下：

【语法】

gpasswd [选项] 用户组名

【选项】

-a：添加用户到组。

-d：从组删除用户。

-A：指定管理员。

-M：指定组成员，和"-A"的用途差不多。

-r：删除密码。

-R：限制用户登录组，只有组中的成员才可以用newgrp加入该组。

动手练 将用户添加进组中 ———————————

添加用户user3到group1中，需要使用选项"-a"，后跟需要添加的用户，执行效果如下。

```
wlysy001@vmubuntu:~$ id user3
用户 id=1003(user3) 组 id=1003(user3) 组 =1003(user3)
wlysy001@vmubuntu:~$ sudo gpasswd -a user3 group1
正在将用户 "user3" 加入到 "group1" 组中
wlysy001@vmubuntu:~$ id user3
用户 id=1003(user3) 组 id=1003(user3) 组 =1003(user3),1004(group1)
```

动手练 **从组中移除用户**

　　将user3从group1中删除，需要使用选项"-d"，后跟需要删除的用户，执行效果如下。

wlysy001@vmubuntu:~$ id user3
用户 id=1003(user3) 组 id=1003(user3) 组 =1003(user3),1004(group1)
wlysy001@vmubuntu:~$ sudo gpasswd -d user3 group1
正在将用户"user3"从"group1"组中删除
wlysy001@vmubuntu:~$ id user3
用户 id=1003(user3) 组 id=1003(user3) 组 =1003(user3)

5.2.3　sudo简介

　　前面讲过，在命令前使用sudo，可使用超级管理员权限，那么sudo到底是什么？

　　sudo（superuser do）是Linux系统管理指令，是系统在验证了当前用户身份后，允许当前用户执行一些或者全部的root命令的一个工具，如halt、reboot、su等。当前用户可以是普通用户，也可以是超级用户，只要在正常命令前加上sudo即可。这样不仅减少了root用户的登录和管理时间，同样也提高了安全性，不用每次都切换到root用户获取权限。

　　Ubuntu中的root是没有密码的，以"!"表示，如图5-7所示。说明root是不允许登录的，但可以手动为root账户设置密码后登录。

图 5-7

　　sudo命令只需要验证当前账户的密码，确定身份后即可使用，但为了防止被滥用，并非所有的用户都可以执行sudo命令，只有在/etc/sudoers文件内指定的用户可以执行这个命令。文件内并不保存有sudo权限的用户，而是指出在sudo组中的用户有使用权限，如图5-8所示。

```
# Allow members of group sudo to execute any command
%sudo    ALL=(ALL:ALL) ALL
```

图 5-8

可以通过命令"sudo useradd -aG sudo 用户名"将用户添加到sudo组中，然后该用户就可以使用sudo命令，执行效果如下。

```
wlysy001@vmubuntu:~$ id user1
用户 id=1001(user1) 组 id=1001(user1) 组 =1001(user1)
wlysy001@vmubuntu:~$ sudo gpasswd -a user1 sudo
正在将用户 user1 加入到 sudo 组中
wlysy001@vmubuntu:~$ id user1
用户 id=1001(user1) 组 id=1001(user1) 组 =1001(user1),27(sudo)
// 已将 user1 添加到了 sudo 组中
wlysy001@vmubuntu:~$ su user1              // 切换到 user1 用户
密码:                                       // 输入 user1 的密码
$ head /etc/shadow
head: 无法打开 '/etc/shadow' 读取数据: 权限不够   // 不带 sudo 无法查看
$ sudo head /etc/shadow                    // 使用 sudo
[sudo] user1 的密码:                        // 验证 user1 的密码
root:!:19359:0:99999:7:::                   // 可以正常查看
daemon:*:19213:0:99999:7:::
```

可以通过命令查看sudo组中有哪些用户可以使用该命令，如图5-9所示，如果发现有异常的用户，则需要注意是否被黑客入侵。

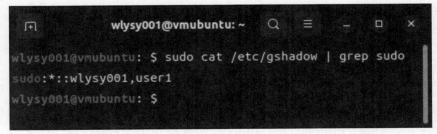

图 5-9

知识拓展

时间间隔

并不是每次使用sudo都需要验证当前用户的密码，只要使用时间间隔不超过5min，且位于同一终端中，就不需要再次验证。

5.2.4 用户的切换

Linux是多用户操作系统，所以在使用时可以任意切换到其他用户，并使用该用户的身份及权限。比较特殊的是切换到超级管理员账户root，即使该用户不能登录，但仍然可以使用命令切换到该账户。

切换用户使用的命令是su，在不添加任何参数的情况下，只切换用户，而不改变用户的工作环境。如果要同时改变工作环境，则需要添加"-"符号。su命令的语法如下。

【语法】

su [选项] 用户名

【选项】

-c：后跟命令，执行完后退出登录用户，仅作为临时使用。

-m：由于不同的用户默认的Shell可能不同，默认切换后，使用目标用户的Shell。使用该参数后，会保持在当前的Shell。

动手练 切换用户 ────────────────────

切换用户，不带参数则使用该用户的默认Shell，带上"-m"选项，可以保持当前的Shell环境，执行效果如下。

```
wlysy001@vmubuntu:~$ su user1
密码：
$ exit
wlysy001@vmubuntu:~$ su -m user1
密码：
To run a command as administrator (user "root"), use "sudo <command>".
See "man sudo_root" for details.
bash: /home/wlysy001/.bashrc: 权限不够
```

动手练 切换到root用户并执行root命令 ────────────────

为root用户设置固定密码后，可以使用root用户登录，否则通过sudo命令来临时使用root权限。还可以切换到root用户，但需要有使用sudo权限的用户才能切换。切换的执行效果如下。

```
wlysy001@vmubuntu:~$ sudo su root
[sudo] wlysy001 的密码：
root@vmubuntu:/home/wlysy001# cat /etc/shadow    // 直接查看，无须提权
root:!:19359:0:99999:7:::
daemon:*:19213:0:99999:7:::
```

在前面介绍文件系统管理时，介绍了使用"ls -l"或ll命令查看文件或目录的详细信息，如图5-10所示。

```
                                    wlysy001@vmubuntu: ~          Q    ≡    _    □    ×

wlysy001@vmubuntu: ~ $ ll
总用量 96
drwxr-x--- 16 wlysy001 wlysy001 4096 1月 14 16:26 /
drwxr-xr-x  6 root     root     4096 1月 28 10:50 /
-rw-rw-r--  1 wlysy001 wlysy001  347 1月 14 16:26 123.txt
drwxr-xr-x  2 wlysy001 wlysy001 4096 1月  2 12:23 /
drwxr-xr-x  2 wlysy001 wlysy001 4096 1月  2 12:23 /
drwxr-xr-x  2 wlysy001 wlysy001 4096 1月  2 12:23 /
drwxr-xr-x  2 wlysy001 wlysy001 4096 1月  2 12:23 /
```

图 5-10

以"-rw-rw-r-- 1 wlysy001 wlysy001 347 1月 14 16:26 123.txt"为例，其中第1个字段是文件或目录的类型以及文件或目录的权限，第3、4字段代表了文件的所属用户（属主）和文件的所属组（属组）。

默认情况下，所属用户就是该文件或目录的创建者的账户，所属组代表该文件或目录的所有者所在组中所有成员账户。根据所属用户和所属组，可以为其分配不同的权限，这就是这两个属性值的作用。当然管理员也可以通过手动的方式更改文件或目录的所有者和所属组，以便更好地控制权限。下面详细介绍权限的设置和使用方法。

5.3.1 权限的查看

在第1个字段中共有10个字符，如本例中的"-rw-rw-r--"，具体含义如下。

1. 文件类型

第1个字符代表该文件的类型，这里的"-"代表普通文件。

2. 所属用户权限

第2～4个字符代表文件的所属用户对于该文件的权限。权限共分三种，r代表读，w代表写，x代表执行，具体的权限含义及应用范围将在后面介绍。如果没有对应的权限，则会以"-"来代替。在本例中，所属用户的权限是"rw-"，代表其属主具有读、写的权限，但没有执行权限。

知识拓展

文件的执行权限

在Linux中，文件可否被执行，不是通过扩展名确定的，而是需要查看文件是否有相应的解释器，或是否为正确编译的文件，也就是文件本身是否可以执行，另外还要查看文件的权限是否可以被执行。当两者都满足时，该文件才能被正确执行。

3. 所属组权限

第5～7个字符代表该文件的所属组对于该文件的权限，权限也分为r、w、x三种。如果没有相应权限，也以"-"来代替。如本例中"rw-"代表该文件所属组中的所有成员对该文件具有读和写的权限，但没有执行权限。

4. 其他用户权限

第8～10个字符代表除了所属用户和所属组以外的其他用户对该文件的权限。本例中"r--"代表其他用户对该文件只有读的权限，而没有写和执行的权限。

5.3.2　权限的定义

r、w、x是读、写和执行的权限，但对于文件和目录来说，具有不同的含义和应用范围。

1. 文件的权限

文件的数据包括纯文本、二进制、数据库等不同类型，对于文件来说，权限的含义如下。

（1）r

r是read的缩写，含义为读，对文件来说，是可以查看文件中的内容。

（2）w

w是write的缩写，含义为写，对于可编辑的文件，如配置文件来说，拥有w权限，可以对文件执行编辑、增加、删除、修改文件内容的操作，但不一定可以删除文件。

（3）x

x是execute的缩写，含义为执行。对于应用程序或者脚本文件等可执行文件，如果权限x是开启的状态，那么就可以启动并执行该程序文件，这是可执行权限的作用。

2. 目录的权限

除了文件外，目录也有自己的权限，目录权限的含义如下。

（1）r

r代表可以使用命令查看目录，列出目录结构的权限，如ls命令就必须具有r的权限。

（2）w

w代表更改目录的权限，允许修改目录结构。可以使用命令在该目录中创建、复制、移动、删除文件或下级目录。

（3）x

由于目录无法执行，所以x代表目录是否可以被访问，例如使用cd命令切换目录，如果该目录无x权限，则无法访问或切换到该目录中，如图5-11所示。

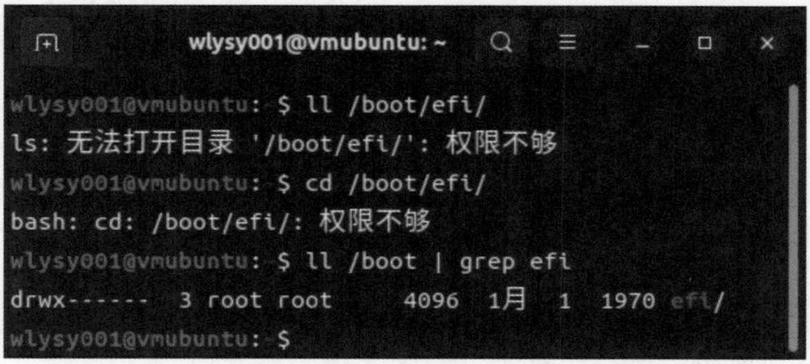

图 5-11

在图5-11中可以看到，boot中的efi目录只有所有者root用户具有读、写和执行的权限，其他用户没有任何权限，所以执行操作时，会提示权限不够。

5.3.3　修改文件及目录所属

在了解了文件及目录的权限含义后，下面介绍修改文件及目录的所属用户和所属组的操作，两者的命令用法一致。

1. 修改文件及目录的所属用户

修改文件及目录的所属用户的命令是chown，该命令的用法如下。

【语法】

chown 新的所属用户　文件/目录

chown 新的所属用户　新的所属组　文件/目录

动手练 **修改文件及目录的所属用户**

直接使用chown命令就可以修改文件及目录的所属用户，执行效果如下。

```
wlysy001@vmubuntu:~$ mkdir test
wlysy001@vmubuntu:~$ cd test
wlysy001@vmubuntu:~/test$ touch abc.txt
wlysy001@vmubuntu:~/test$ mkdir aaa
wlysy001@vmubuntu:~/test$ ll
总用量 12
drwxrwxr-x  3 wlysy001 wlysy001 4096  1 月 28 15:29 ./
drwxr-x--- 17 wlysy001 wlysy001 4096  1 月 28 15:28 ../
drwxrwxr-x  2 wlysy001 wlysy001 4096  1 月 28 15:29 aaa/
// 目录属主为 wlysy001
-rw-rw-r--  1 wlysy001 wlysy001    0  1 月 28 15:28 abc.txt
```

// 文件属主为 wlysy001

wlysy001@vmubuntu:~/test$ sudo chown user aaa　　// 将目录属主改为 user

[sudo] wlysy001 的密码：

wlysy001@vmubuntu:~/test$ sudo chown user1 abc.txt

// 将文件属主改为 user1

wlysy001@vmubuntu:~/test$ ll

总用量 12

drwxrwxr-x　3 wlysy001 wlysy001 4096　1 月 28 15:29 ./

drwxr-x--- 17 wlysy001 wlysy001 4096　1 月 28 15:28 ../

drwxrwxr-x　2 user　　wlysy001 4096　1 月 28 15:29 aaa/　　// 修改成功

-rw-rw-r-- 1 user1　　wlysy001　　0　1 月 28 15:28 abc.txt // 修改成功

动手练　同时修改文件或目录的所属用户及所属组

　　　　使用chown命令，除了可以单独修改文件或目录的所属用户外，还可以同时修改所属用户组，执行效果如下。

wlysy001@vmubuntu:~/test$ ll

总用量 12

drwxrwxr-x　3 wlysy001 wlysy001 4096　1 月 28 15:29 ./

drwxr-x--- 17 wlysy001 wlysy001 4096　1 月 28 15:28 ../

drwxrwxr-x　2 user　　wlysy001 4096　1 月 28 15:29 aaa/

-rw-rw-r-- 1 user1　　wlysy001　　0　1 月 28 15:28 abc.txt

wlysy001@vmubuntu:~/test$ sudo chown user3:user3 aaa

[sudo] wlysy001 的密码：

wlysy001@vmubuntu:~/test$ sudo chown user3:user3 abc.txt

// 将目录和文件的所属用户和所属组全部更改为 user3

wlysy001@vmubuntu:~/test$ ll

总用量 12

drwxrwxr-x　3 wlysy001 wlysy001 4096　1 月 28 15:29 ./

drwxr-x--- 17 wlysy001 wlysy001 4096　1 月 28 15:28 ../

drwxrwxr-x　2 user3　　user3　4096　1 月 28 15:29 aaa/

-rw-rw-r-- 1 user3　　user3　　0　1 月 28 15:28 abc.txt

// 修改成功

2. 修改文件及目录的所属组

　　单独修改文件及目录的所属组的命令是chgrp，下面介绍该命令的使用方法。

【语法】

chgrp 新的所属组 文件/目录

【选项】

-R：递归修改目录及目录下的文件。

动手练 修改文件及目录的所属组

使用命令chgrp单独修改文件或目录的所属组，无须添加选项，执行效果如下。

```
wlysy001@vmubuntu:~/test$ ll
总用量 12
drwxrwxr-x  3 wlysy001 wlysy001 4096  1 月 28 15:29 ./
drwxr-x--- 17 wlysy001 wlysy001 4096  1 月 28 15:28 ../
drwxrwxr-x  2 user3    user3    4096  1 月 28 15:29 aaa/
-rw-rw-r--  1 user3    user3       0  1 月 28 15:28 abc.txt
wlysy001@vmubuntu:~/test$ sudo chgrp user aaa
wlysy001@vmubuntu:~/test$ sudo chgrp user abc.txt
wlysy001@vmubuntu:~/test$ ll
总用量 12
drwxrwxr-x  3 wlysy001 wlysy001 4096  1 月 28 15:29 ./
drwxr-x--- 17 wlysy001 wlysy001 4096  1 月 28 15:28 ../
drwxrwxr-x  2 user3    user     4096  1 月 28 15:29 aaa/
-rw-rw-r--  1 user3    user        0  1 月 28 15:28 abc.txt
```

动手练 修改目录、目录下的文件及目录的默认属组

使用选项"-R"执行的效果如下。

```
wlysy001@vmubuntu:~/test$ ll
总用量 12
drwxrwxr-x  3 wlysy001 wlysy001 4096  1 月 28 15:29 ./
drwxr-x--- 17 wlysy001 wlysy001 4096  1 月 28 15:28 ../
drwxrwxr-x  2 user3    user     4096  1 月 28 16:01 aaa/
-rw-rw-r--  1 user3    user        0  1 月 28 15:28 abc.txt
wlysy001@vmubuntu:~/test$ sudo mkdir aaa/111
wlysy001@vmubuntu:~/test$ sudo touch aaa/222.txt
wlysy001@vmubuntu:~/test$ ll aaa/
总用量 12
drwxrwxr-x 3 user3    user     4096  1 月 28 16:02 ./
//aaa 目录的属组为 user
drwxrwxr-x 3 wlysy001 wlysy001 4096  1 月 28 15:29 ../
drwxr-xr-x 2 root     root     4096  1 月 28 16:02 111/
```

-rw-r--r-- 1 root   root   0 1 月 28 16:02 222.txt
// 因为使用了管理员权限，所以内部创建的文件和目录，属主和属组都为 root
wlysy001@vmubuntu:~/test$ sudo chgrp -R wlysy001 aaa/
wlysy001@vmubuntu:~/test$ ll aaa/
总用量 12
drwxrwxr-x 3 user3   wlysy001 4096 1 月 28 16:02 ./
drwxrwxr-x 3 wlysy001 wlysy001 4096 1 月 28 15:29 ../
drwxr-xr-x 2 root   wlysy001 4096 1 月 28 16:02 111/
-rw-r--r-- 1 root   wlysy001   0 1 月 28 16:02 222.txt
// 可以看到目录 aaa 及其内部的目录 111 和文件 222.txt 的属组都同时更改了

批量修改目录及目录中内容的属主

"–R" 是递归修改的选项，使用chgrp命令时使用，可以批量修改属组。同样在使用chown命令时，可以批量修改目录及目录中的属主，以及同时修改属主和属组。

5.3.4 修改文件及目录的权限

前面介绍了文件和目录的权限有r、w、x三种。在讲解了如何修改文件及目录的所属用户和所属组后，下面介绍如何修改这些权限。修改的方式包括普通模式和数字模式两种。

1. 普通模式

修改文件或目录的权限可以使用chmod命令。普通修改需要各种选项的配合，比较容易理解。

【语法】

chmod [修改对象] [符号] [权限] 文件/目录

【选项】

修改对象：

u：文件所有者。

g：文件所属组。

o：其他用户。

a：所有用户。

符号：

+：文件/目录增加权限。

-：文件/目录去除权限。

=：将明确的权限赋予文件/目录。

权限：

r：可读权限。

w：可写权限。

x：可执行权限。

动手练 修改目录的权限

将目录所属组的权限设置为可读写，去除其他用户的所有权限。为文件的所属用户和所属组添加执行权限，赋予其他用户读写权限。以上选项可以灵活使用以满足用户的需求，执行效果如下。

```
wlysy001@vmubuntu:~/test$ ll | grep 111
drwxrwxr-x  2 wlysy001 wlysy001 4096  1 月 28 17:02 111/
wlysy001@vmubuntu:~/test$ sudo chmod g-x 111      // 所属组去除 x 权限
wlysy001@vmubuntu:~/test$ sudo chmod o-rx 111   // 其他用户去除多个权限
wlysy001@vmubuntu:~/test$ ll | grep 111
drwxrw----  2 wlysy001 wlysy001 4096  1 月 28 17:02 111/
wlysy001@vmubuntu:~/test$ ll | grep 222.txt
-rw-rw-r--  1 wlysy001 wlysy001    0  1 月 28 17:02 222.txt
wlysy001@vmubuntu:~/test$ sudo chmod ug+x 222.txt // 对多个对象添加权限
wlysy001@vmubuntu:~/test$ sudo chmod o=rw 222.txt // 直接赋予权限
wlysy001@vmubuntu:~/test$ ll | grep 222.txt
-rwxrwxrw-  1 wlysy001 wlysy001    0  1 月 28 17:02 222.txt*
wlysy001@vmubuntu:~/test$ ll
总用量 12
drwxrwxr-x  3 wlysy001 wlysy001 4096  1 月 28 17:02 ./
drwxr-x--- 17 wlysy001 wlysy001 4096  1 月 28 17:02 ../
drwxrw----  2 wlysy001 wlysy001 4096  1 月 28 17:02 111/
-rwxrwxrw-  1 wlysy001 wlysy001    0  1 月 28 17:02 222.txt*
// 已经按照要求完成权限的设置
```

2. 数字模式

除了直接添加、删除以及赋予文件或目录权限外，在Linux中，还可以用数字的模式代表权限，通过数字的模式直接赋予权限。

前面介绍了权限字段的含义，除了第一个字符代表文件的类型外，其他9个字符代表不同的权限。这9个字符分成三组，每组3个字符。每组字符用二进制表示，没有权限就是0，有权限就是1，所以每组字符有000～111共8种表示方法，也就是8种状态，可以用十进制的0～7来表示。三组字符的十进制权限表示在一起，就可以为文件赋权。

如"rw-rw-r--"用数字表示是"664",而"rwxrwxrwx"是"777",以此类推。用户可以先列出权限,再计算其数字模式的代码。

动手练 通过数字模式修改文件及目录的权限

```
wlysy001@vmubuntu:~/test$ ll
总用量 12
drwxrwxr-x  3 wlysy001 wlysy001 4096  1 月 28 17:02 ./
drwxr-x--- 17 wlysy001 wlysy001 4096  1 月 28 17:02 ../
drwxrw----  2 wlysy001 wlysy001 4096  1 月 28 17:02 111/
-rwxrwxrw-  1 wlysy001 wlysy001    0  1 月 28 17:02 222.txt*
wlysy001@vmubuntu:~/test$ sudo chmod 000 111
// 将目录的所有权限全部去除, 代码为 000
wlysy001@vmubuntu:~/test$ ll | grep 111
d--------- 2 wlysy001 wlysy001 4096  1 月 28 17:02 111/
wlysy001@vmubuntu:~/test$ sudo chmod 777 222.txt
// 赋予文件所有的权限, 代码为 777
wlysy001@vmubuntu:~/test$ ll
总用量 12
drwxrwxr-x  3 wlysy001 wlysy001 4096  1 月 28 17:02 ./
drwxr-x--- 17 wlysy001 wlysy001 4096  1 月 28 17:02 ../
d--------- 2 wlysy001 wlysy001 4096  1 月 28 17:02 111/
-rwxrwxrwx 1 wlysy001 wlysy001    0  1 月 28 17:02 222.txt*
// 修改成功
```

新建的用户，要么Shell环境是/bin/sh，而不是/bin/bash，那么很多命令无法使用；要么没有主目录，而创建用户时"-m"只是创建了空的主目录，没有内容，切换后没有完整的、类似默认登录账户的环境。下面介绍创建一个完整的用户以及切换后的状态，执行效果如下。

```
wlysy001@vmubuntu:~$ sudo useradd user              // 创建新用户
[sudo] wlysy001 的密码：
wlysy001@vmubuntu:~$ sudo cat /etc/passwd | grep user
……
user:x:1005:1006::/home/user:/bin/sh        // 当前环境为 /bin/sh
wlysy001@vmubuntu:~$ sudo usermod -s /bin/bash user
wlysy001@vmubuntu:~$ sudo cat /etc/passwd | grep user
……
user:x:1005:1006::/home/user:/bin/bash        // 修改为 /bin/bash
wlysy001@vmubuntu:~$ sudo cp -a /etc/skel/ /home/user   // 复制模板
wlysy001@vmubuntu:~$ ll /home/user
总用量 20
drwxr-xr-x 2 root root 4096  8 月  9 19:48 ./
drwxr-xr-x 6 root root 4096  1 月 28 10:50 ../
-rw-r--r-- 1 root root 220  1 月  7 2022 .bash_logout
-rw-r--r-- 1 root root 3771  1 月  7 2022 .bashrc
-rw-r--r-- 1 root root  807  1 月  7 2022 .profile
wlysy001@vmubuntu:~$ sudo chown -R user:user /home/user
// 递归修改目录中的所有文件和目录的所属用户和所属组都为 user
wlysy001@vmubuntu:~$ ll /home/user
总用量 20
drwxr-xr-x 2 user user 4096  8 月  9 19:48 ./
drwxr-xr-x 6 root root 4096  1 月 28 10:50 ../
-rw-r--r-- 1 user user 220  1 月  7 2022 .bash_logout
-rw-r--r-- 1 user user 3771  1 月  7 2022 .bashrc
-rw-r--r-- 1 user user  807  1 月  7 2022 .profile
wlysy001@vmubuntu:~$ sudo chmod -R g+w /home/user
// 组增加"写"权限，关于权限的相关设置，将在后面介绍
wlysy001@vmubuntu:~$ ll /home/user
总用量 20
drwxrwxr-x 2 user user 4096  8 月  9 19:48 ./
drwxr-xr-x 6 root root 4096  1 月 28 10:50 ../
```

-rw-rw-r-- 1 user user 220 1 月 7 2022 .bash_logout

-rw-rw-r-- 1 user user 3771 1 月 7 2022 .bashrc

-rw-rw-r-- 1 user user 807 1 月 7 2022 .profile

wlysy001@vmubuntu:~$ sudo passwd user   // 为该用户创建密码

新的 密码：

重新输入新的密码：

passwd：已成功更新密码

wlysy001@vmubuntu:~$ su – user   // 切换用户账户，用户和环境都改变

密码：

user@vmubuntu:~$ pwd

/home/user

user@vmubuntu:~$ ll

总用量 20

drwxrwxr-x 2 user user 4096 8 月 9 19:48 ./

drwxr-xr-x 6 root root 4096 1 月 28 10:50 ../

-rw-rw-r-- 1 user user 220 1 月 7 2022 .bash_logout

-rw-rw-r-- 1 user user 3771 1 月 7 2022 .bashrc

-rw-rw-r-- 1 user user 807 1 月 7 2022 .profile

user@vmubuntu:~$ touch test.txt   // 在主目录中创建文件来测试权限

user@vmubuntu:~$ ls

test.txt

知识拓展

关于模板的使用

主目录默认使用的模板是在/etc/skel目录下，实际使用中，可以将这些文件复制到/home目录并改名，然后修改目录及目录中的文件所属和组所属即可。

第6章
存储介质管理

在Linux中，秉承了一切皆文件的思想，其中也包含各种存储介质，如磁盘、U盘等。在使用这些设备时，需要连接、分区、格式化、挂载后才能使用，使用完毕后，需要卸载并安全移除。本章将着重介绍在Linux中使用各种存储介质的方法。

重点难点

- 硬盘的查看
- 硬盘的分区与格式化
- 挂载与卸载
- U盘的使用

磁盘是计算机系统中的主要存储介质，发展至今，已经从磁颗粒形态的机械硬盘发展为固态存储的固态硬盘，但仍统称为硬盘，两者在使用中并无太大区别。

6.1.1 硬盘的结构及工作原理

机械硬盘和固态硬盘的工作原理不同，特点也不同，主要区别如下。

1. 机械硬盘的结构与工作原理

机械硬盘有多个覆盖了磁颗粒的盘片，每个盘片被划分多个由同心圆组成的磁道，信息记录在磁道上，每个磁道按照半径又被划分为多个扇区，每个扇区就是一个物理块。硬盘有多个盘片，每个盘片有一个磁头，磁头号用来标识盘面号；所有盘面中处于同一磁道号上的所有磁道组成一个柱面，所以用柱面号表示磁道号。物理块的地址表示为磁头号（盘面号）、柱面号（磁道号）和扇区号。

程序请求某一数据，磁盘控制器检查磁盘缓冲是否有该数据，如果有则取出并发往内存。如果没有，则触发硬盘的磁头转动装置。磁头转动装置在盘面上移动至目标磁道。磁盘马达的转轴旋转盘面，将请求数据所在区域移动到磁头下。磁头通过改变盘面磁颗粒极性写入数据，或者探测磁极变化读取数据。硬盘将该数据返送给内存，并停止马达转动，将磁头放置到驻留区。

2. 固态硬盘的结构与工作原理

固态硬盘将主控芯片、闪存颗粒、缓存芯片固定在PCB板中，并使用数据线或金手指与主板连接。

固态硬盘在存储单元晶体管的栅（Gate）中，注入不同数量的电子，通过改变栅的导电性能，改变晶体管的导通效果，实现对不同状态的记录和识别。有些晶体管栅中的电子数目多与少，带来的只有两种导通状态，对应读出的数据只有0/1；有些晶体管栅中电子数目不同时，可以读出多种状态，能够对应出00、01、10、11等不同数据。

3. 硬盘的类型

虽然存储原理不同，但在计算机中，通过接口的类型，可以将硬盘划分为以下几种。

IDE硬盘：也称为ATA硬盘，是一种并口传输数据的硬盘，不过现在已经基本淘汰了。

SATA硬盘：是一种串口传输数据的硬盘，也是现在主流的硬盘。

SCSI硬盘：分为并行和串行两种，工作站和服务器上用得较多。

FC-AL硬盘：光纤通道硬盘，主要用在专业的服务器领域。

M.2硬盘：属于高速的固态硬盘，通过M.2接口同主板连接，使用PCI-E通道，在桌面主机中使用较多，速度非常快。

4. 硬盘分区表

计算机在启动时，首先要读取硬盘分区表，从而找到启动分区，并读取该分区中的启动文件、加载系统内核。以前计算机使用的是MBR分区表，现在使用的是GPT分区表，并采用UEFI+GPT的启动模式，该启动模式的好处在于启动速度快（跳过自检），可扩展性更强，这也是GPT分区表的优势所在。

（1）MBR分区表

Linux为了兼容Windows系统的硬盘，也可以使用MBR分区表。在硬盘的第一个扇区上存储系统的引导程序和分区表，分区表大大小共64B，最多可以支持记录4个主分区或3个主分区和一个扩展分区。而扩展分区可以再划分为多个逻辑分区。不过只有主分区能引导系统启动，而且由于最大只支持2TB的硬盘，所以正在逐渐被淘汰。

（2）GPT分区表

GPT分区表也叫GUID分区表，和MBR分区表相比，其支持18EB的硬盘，而且可以划分为128个主分区，而且对分区表有备份，以防止被病毒破坏。GPT分区表逐渐替代了MBR分区表，现在已经成为主流。

6.1.2　硬盘的命名

在Linux的硬盘分区中，并不会像Windows那样分为C盘、D盘等，即没有盘符的概念，包括硬盘及硬盘分区，都会被系统作为一个文件进行管理。在Linux中，硬件设备，包括硬盘都会保存在/dev目录中，可以通过设备对应的文件名进行访问。

老式的IDE设备的命名，一般以hd开头。而SATA、USB、SAS等接口的硬盘都是使用SCSI模块，一般以sd开头。

如果计算机中有多块硬盘，则会使用hda、hdb、hdc……或sda、sdb、sdc……表示第一块硬盘、第二块硬盘、第三块硬盘……，按照Linux系统内核检测到的硬盘顺序编号。

如果某个硬盘有多个分区，则会在硬盘名后加入分区的编号，如sda1、sda2、sda3……

将硬盘接入到计算机中，经过Linux的识别，会自动出现在/dev目录中，如果有分区，也会显示为单独的文件。可以在Linux的终端窗口中，使用命令查看/dev目录中的硬件，筛选出包含sd的文件，即所有的硬盘，如图6-1所示。

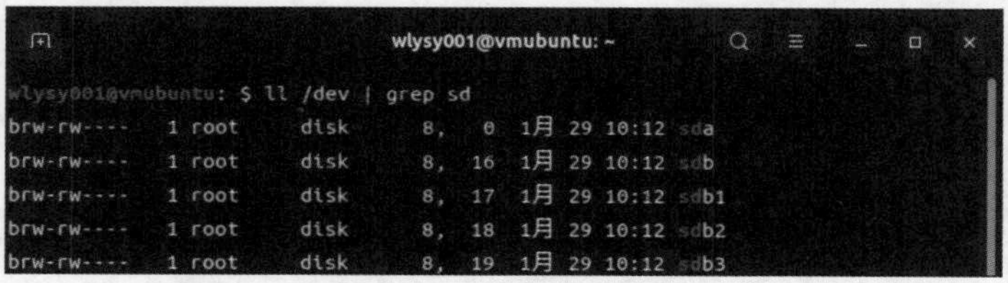

图 6-1

在图6-1中可以看到系统中包含2块硬盘，分别是sda和sdb，在sdb中共有3个分区，分别是sdb1、sdb2、sdb3。在详细信息中，可以看到其所属组为disk。

6.1.3　硬盘信息的查看

硬盘信息除了硬件名外，还包括容量、类型、分区表类型等。在Linux中，可以通过图形化界面或命令查看硬盘信息的信息内容。

1. 通过图形界面查看

在Linux图形界面中，通常使用"磁盘"工具管理硬盘以及其他存储设备，从中可以查看硬盘的详细信息。下面介绍具体的操作步骤。

在桌面上双击Super按钮，进入"所有程序"界面，单击"工具"组，如图6-2所示，并从展开的界面中单击"磁盘"图标，如图6-3所示。

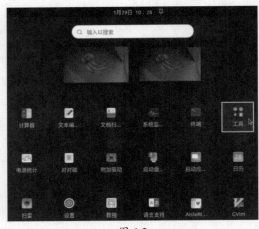

图 6-2

图 6-3

知识拓展

使用搜索功能搜索

也可以在图6-2所示的搜索框中输入"磁盘"，找到并启动即可，如图6-4所示。

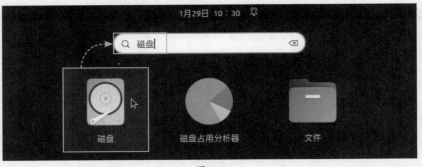

图 6-4

在弹出的磁盘管理界面中，在左侧选择需要查看和管理的硬盘，这里有两块硬盘和一个光驱，如图6-5所示。

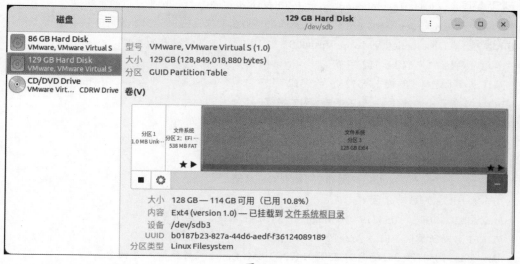

图 6-5

在右侧可以看到硬盘的型号，大小为129GB，分区表类型为GUID（GPT），分为三个区，第一个分区大小为1MB，第二个分区大小为538MB、FAT文件系统，属于EFI分区，第三个分区大小为128GB，文件系统为Ext4。

知识拓展

高级功能

在该界面，除了可以查看到硬盘信息，还可以对硬盘进行各种操作，如格式化分区、调整分区大小、检测文件系统、挂载及卸载分区等。这部分内容将在后面的章节详细介绍。

2. 通过命令查看

除了图形界面外，在终端窗口和虚拟控制台中，可以使用命令查看硬盘及分区的各种信息。最常使用的命令是fdisk，可以使用该命令查看指定硬盘的详细信息。在使用该命令前，可以先在/dev目录中查看当前硬盘的名称。

【语法】

fdisk [选项] 硬盘名称

【选项】

-l：查看硬盘分区表。

动手练 查看当前本地所有硬盘的信息

wlysy001@vmubuntu:~$ sudo fdisk -l /dev/sdb   //sdb 是当前的主硬盘

Disk /dev/sdb: 120 GiB，128849018880 字节，251658240 个扇区 // 硬盘大小

Disk model: VMware Virtual S   // 硬盘的类型

单元：扇区 / 1 * 512 = 512 字节

扇区大小（逻辑 / 物理）：512 字节 / 512 字节

I/O 大小（最小 / 最佳）：512 字节 / 512 字节

磁盘标签类型：gpt   // 硬盘分区表类型

磁盘标识符：954C4F6F-9FB2-4108-AD7E-89BE8A1B7B46

设备   起点   末尾   扇区   大小 类型

/dev/sdb1   2048   4095   2048   1M BIOS 启动

// 兼容 BIOS 的启动分区

/dev/sdb2   4096   1054719 1050624 513M EFI 系统

//UEFI 启动所需的 EFI 启动分区

/dev/sdb3 1054720 251656191 250601472 119.5G Linux 文件系统 // 系统分区

wlysy001@vmubuntu:~$ sudo fdisk -l /dev/sda   // 新加入的硬盘信息

Disk /dev/sda：80 GiB，85899345920 字节，167772160 个扇区

Disk model: VMware Virtual S

单元：扇区 / 1 * 512 = 512 字节

扇区大小（逻辑 / 物理）：512 字节 / 512 字节

I/O 大小（最小 / 最佳）：512 字节 / 512 字节

6.1.4　存储信息的查看

文件大小的查看在前面已经介绍过，查看目录的大小可以使用命令du。

【语法】

du [选项] 目录/文件

【选项】

-a：查看每个子文件的硬盘占用情况，默认只统计子目录的硬盘占用量。

-h：使用KB、MB、GB为单位，显示硬盘占用量。

-s：统计总占用量而不列出子目录和子文件的占用量。

动手练 查看home目录中子目录和文件的磁盘占用情况

显示子目录和子目录中文件的大小，可以使用"-a"选项，为了方便浏览可以使用"-h"选项，执行效果如下。

wlysy001@vmubuntu:~$ sudo du -ah /home

4.0K	/home/wlysy001/ 模板
4.0K	/home/wlysy001/.viminfo
4.0K	/home/wlysy001/ 下载
4.0K	/home/wlysy001/ 图片
4.0K	/home/wlysy001/ 音乐
8.0K	/home/wlysy001/.config/dconf/user

......

16K	/home/user5
24M	/home

动手练 仅查看home目录的磁盘占用情况

仅查看而不列出子目录和子文件的占用量，可以使用"-s"选项，配合
"-h"选项，执行效果如下。

wlysy001@vmubuntu:~$ sudo du -hs /home
24M   /home

知识拓展

通过图形界面查看

除了使用命令外，还可以通过在图形界面中查看目录的"属性"来查看目录的大小，如图6-6
所示，因为权限问题，很多目录和文件无法访问和统计，所以数据并不准确。另外还可以使用磁盘
分析器查看，如图6-7所示。

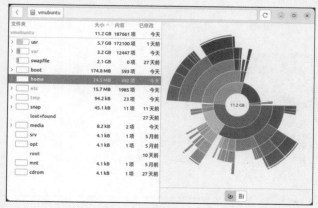

图 6-6

图 6-7

6.2　硬盘的分区与格式化

硬盘在使用前需要先设置硬盘的类型为MBR或GPT，然后进行初始化，包括分区并格式化为某文件系统后，挂载才能被系统使用。本节首先介绍硬盘的类型设置、分区与格式化。

分区是使用分区编辑器或者类似功能软件在物理磁盘上划分几个逻辑部分，硬盘一旦划分成数个分区，不同类型的目录与文件可以存储进不同的分区。越多分区，也就有更多不同的地方，可以将文件的性质区分得更细，按照更为细分的性质，存储在不同的地方以管理文件。

格式化是指对磁盘或磁盘中的分区进行初始化，使其按照某文件系统的标准进行设置的一种操作，这种操作通常会导致现有的磁盘或分区中所有的文件被清除。

分区及格式化可以在图形界面操作，也可以使用命令操作。下面介绍具体的操作步骤。

6.2.1　使用图形界面分区及格式化

在图形界面中可以在分区后直接进行格式化操作，非常便捷。下面介绍具体的操作步骤。

Step 01 按照前面介绍的方法，进入"磁盘"界面，选中需要分区的磁盘，在右侧单击"驱动器选项"下拉按钮，在弹出的列表中选择"格式化磁盘"选项，如图6-8所示。

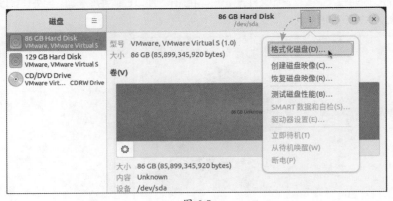

图 6-8

Step 02 在弹出的对话框中，根据需要选择是否擦除数据以及分区表的类型，完成后，单击"格式化"按钮，如图6-9所示。

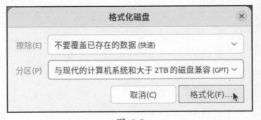

图 6-9

Step 03 确认并单击"格式化"按钮,如图6-10所示。

图 6-10

以上步骤其实是硬盘的初始化操作,与后面介绍的格式化文件系统不同。

Step 04 验证密码后,自动完成初始化操作,完成后,单击左下角的+按钮创建分区,如图6-11所示。

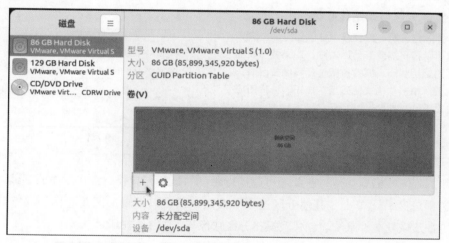

图 6-11

Step 05 设置需要的分区大小,单击"下一个"按钮,如图6-12所示。

图 6-12

Step 06 设置格式化的文件系统类型,单击"创建"按钮,如图6-13所示。

Step 07 按照同样的方法，为剩下的空间创建分区，并格式化为NTFS系统，完成后如图6-14所示。

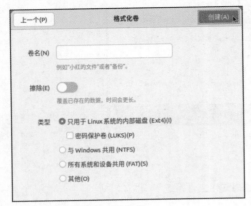

图 6-13

图 6-14

知识拓展

删除分区与初始化硬盘

删除分区时，只要选中分区后，单击 ▬ 按钮就可以将不需要的分区删除，如果要将硬盘恢复到空闲状态，或者重新选择其他分区表，可以重新单击"格式化磁盘"按钮，选择对应的选项即可，如图6-15所示。

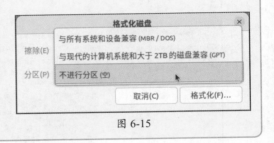

图 6-15

除了分区与格式化外，在此还可以进行磁盘的挂载和卸载，将在后面的章节详细介绍。选中分区后，单击"其他分区选项"按钮，还可以编辑分区及卷标、调整分区大小、检查及恢复文件系统、创建及操作分区映像等，如图6-16所示。

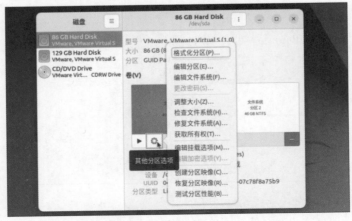

图 6-16

6.2.2　使用命令分区及格式化

除了在图形界面操作以外，使用命令分区及格式化也是常见的操作。在前面查看硬盘信息的操作中，可以看到Ubuntu默认将硬盘分为3个区。在新加入硬盘后，可以按照用户的需要对硬盘进行初始化和分区。

1. 为硬盘分区

对硬盘进行分区，最常用的命令是fdisk，后跟硬盘文件名。该命令采用的是交互式的方式，对新手比较友好。下面介绍具体的操作步骤。

Step 01 在查看了硬盘的信息后，使用命令"sudo fdisk /dev/sda"启动初始化向导，输入g并按回车键，为硬盘创建GPT分区表，如图6-17所示。

Step 02 输入n新建分区，输入分区号，默认为1，或直接按回车键，输入第一个扇区的位置，保持默认，然后按回车键，输入该分区的大小"+40G"，按回车键后，系统提示成功创建了40GB的分区，如图6-18所示。

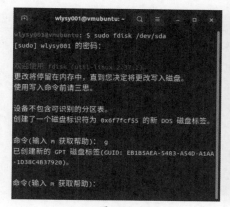
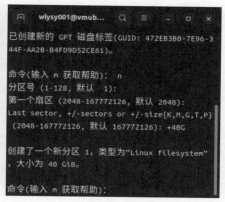

图 6-17　　　　　　　　　　　　　　　　图 6-18

Step 03 按照同样的方法，为剩下的空间继续创建分区，在设置分区大小时，保持默认，然后按回车键，系统会自动分配所有空间，如图6-19所示。

Step 04 输入p可以查看硬盘的信息、分区的状态等，如图6-20所示。

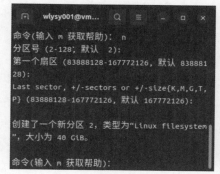

图 6-19　　　　　　　　　　　　　　　　图 6-20

Step 05 确认无误后，输入w保存并退出，如图6-21所示。在此前的所有操作仅仅是配置参数，只有最后写入才是真正的执行，以提高数据的安全性。

完成后可以进入"磁盘"界面查看分区状态，如图6-22所示。

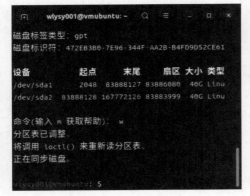

图 6-21

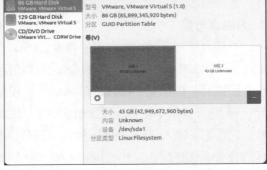

图 6-22

知识拓展

fdisk的更多操作

在对话状态中，可以使用以下功能键来查看以及编辑所有和分区有关的设置。

M：进入保护/混合MBR。　　　　　　　v：检查分区表。

d：删除分区。　　　　　　　　　　　　i：打印某个分区的相关信息。

F：列出未分区的空闲区。　　　　　　　m：打印此菜单。

l：列出已知分区类型。　　　　　　　　x：更多功能（仅限专业人员）。

n：添加新分区。　　　　　　　　　　　I：从sfdisk脚本文件加载磁盘布局。

p：打印分区表。　　　　　　　　　　　O：将磁盘布局转储为sfdisk脚本文件。

t：更改分区类型。　　　　　　　　　　w：将分区表写入磁盘并退出。

q：退出而不保存更改。　　　　　　　　o：新建一份空DOS分区表。

g：新建一份GPT分区表。　　　　　　　s：新建一份空Sun分区表。

G：新建一份空GPT（IRIX）分区表。

2. 对硬盘进行格式化

分区完成后需要进行格式化，格式化的目的是按照文件系统的特性和要求对硬盘分区进行细分，格式化后，磁盘空间会像货架一样，具有各种存取策略、记录方法、编号方法、查找方法，以方便快速存取数据的功能，接下来就等待数据的写入。

前面介绍的FAT、NTFS、Ext4等文件系统是不同的格式化标准。下面介绍使用命令格式化的具体操作步骤，使用的命令是mkfs。

【语法】

mkfs -t [选项] 分区名称

【选项】

包括Ext2、Ext3、Ext4、FAT、NTFS、Ms-DOS、vFAT、cramfs、BFS、minix等文件系统。

动手练 将硬盘sda的两个分区分别格式化为Ext4和NTFS —

执行效果如下。

```
wlysy001@vmubuntu:~$ sudo mkfs -t ext4 /dev/sda1
mke2fs 1.46.5 (30-Dec-2021)
创建含有 10485760 个块（每块 4KB）和 2621440 个 inode 的文件系统
文件系统 UUID：521ae47c-c327-49f3-8af6-966b7ade9831
超级块的备份存储于下列块：
32768, 98304, 163840, 229376, 294912, 819200, 884736, 1605632, 2654208, 4096000, 7962624
正在分配组表：完成
正在写入 inode 表：完成
创建日志（65536 个块）：完成
写入超级块和文件系统账户统计信息：已完成
wlysy001@vmubuntu:~$ sudo mkfs -t ntfs /dev/sda2
Cluster size has been automatically set to 4096 bytes.
Initializing device with zeroes: 100% - Done.
Creating NTFS volume structures.
mkntfs completed successfully. Have a nice day.
```

3. 查看文件系统

用户可以使用parted命令查看硬盘的分区信息以及文件系统，另外在交互中，还可以创建分区、删除分区、创建分区表、修改信息表。查看硬盘信息的执行效果如下。

```
wlysy001@vmubuntu:~$ sudo parted /dev/sda
GNU Parted 3.4
使用 /dev/sda
欢迎使用 GNU Parted！输入 'help' 来查看命令列表。
(parted) print                    // 输入 print 显示硬盘及分区信息
型号：VMware, VMware Virtual S (scsi)
磁盘 /dev/sda: 85.9GB
扇区大小 ( 逻辑 / 物理 )：512B/512B
分区表：gpt
磁盘标志：
编号 起始点 结束点 大小   文件系统 名称 标志
1    1049kB 43.0GB 42.9GB ext4
2    43.0GB 85.9GB 42.9GB ntfs
(parted) q                        // 输入 q 退出
```

179

除了使用命令外，还可以使用图形界面直接查看分区的文件系统有没有格式化成功，如图6-23所示。

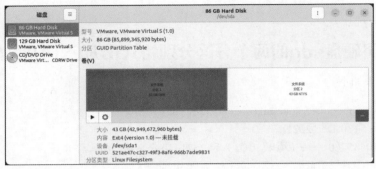

图 6-23

 ## 6.3 挂载与卸载

分区在格式化完成后，并不能直接被系统使用，而需要进行挂载，如果不是内置的存储，在使用完毕还需要进行卸载才能安全移除。下面介绍挂载与卸载的相关知识。

6.3.1 了解挂载与卸载

挂载操作类似于Windows中给予格式化后的分区一个盘符，只是Windows自动完成这个操作。在Linux中可以手动挂载，也可以自动挂载，用户需要为每个分区的文件系统分配一个挂载点才能使用该分区。挂载点可以是一个已存在的目录，也可以手动创建。

在Linux系统安装时，硬盘就被分区、格式化成Linux文件系统，按照默认配置，挂载在"/"上。新加入的硬盘经过分区和格式化，必须挂载到系统根目录下的某个目录中才能被使用，这是由Linux的文件组织管理结构所决定的。

Linux采用的这种方式也类似于分层，管理员负责Linux维护，而普通用户并不需要了解那么多，仅需要通过系统完成自己的工作。无论管理员对系统做什么操作，如备份、还原、添加、删除设备等，由于Linux的特性和规范性，只要保证了需要的数据一直存在，就不会影响普通用户的使用。

6.3.2 挂载信息的查看

查看当前系统的所有挂载信息，可以使用df命令，下面介绍该命令的使用方法和实例。

【语法】

df [选项] [挂载点]

【选项】

-a：显示所有文件系统的硬盘使用情况。

-h：使用KB、MB、GB显示容量。

-i：显示节点信息，而不是硬盘块。

-T：显示文件系统类型。

动手练 查看当前系统的所有挂载点信息

不指定挂载点可以显示所有的挂载信息，执行效果如图6-24所示。

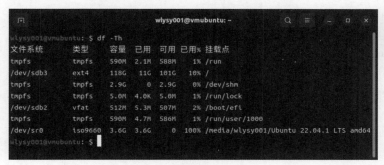

图 6-24

知识拓展

tmpfs文件系统类型

tmpfs是基于Linux的虚拟内存管理子系统，面向普通用户，根据用户需要，随时可以创建此类型目录，以方便快捷地获得高速的读写速度，常见于系统运行时临时存储或存储运行数据。

6.3.3　分区的挂载

在Linux系统中，可以使用mount命令进行挂载，可以挂载到系统中已经存在的空目录中，不过建议用户创建一个空目录专门用于分区的挂载。

【语法】

mount [-t 文件系统][-o 参数] 分区 挂载目录

【选项】

文件系统包括常见的Ext3、Ext4、FAT、NTFS等。

"-o"的参数如下。

● **loop**：把一个文件作为文件系统挂载到系统上，常用于镜像文件。

● **ro**：采用只读方式挂载。

● **rw**：采用可读写方式挂载。

● **iocharset**：指定访问文件系统所用的字符集。

动手练 挂载分区

将sda1挂载到/mnt/disk1中，将sda2挂载到/nmt/disk2中，可以根据不同的文件系统使用不同的参数，执行效果如下。

wlysy001@vmubuntu:~$ sudo mkdir /mnt/disk1 /mnt/disk2　　// 创建挂载点
[sudo] wlysy001 的密码：
wlysy001@vmubuntu:~$ ls /mnt
disk1 disk2
wlysy001@vmubuntu:~$ sudo mount -t ext4 /dev/sda1 /mnt/disk1
// 挂载 sda1 到 /mnt/disk1 挂载点中
wlysy001@vmubuntu:~$ sudo mount -t ntfs /dev/sda2 /mnt/disk2
// 挂载 sda2 到 /mnt/disk2 挂载点中
wlysy001@vmubuntu:~$ df -Th | grep sda　　　　　　　// 查看挂载信息
/dev/sda1　　ext4　　40G　24K　38G　1% /mnt/disk1
/dev/sda2　　fuseblk　40G　66M　40G　1% /mnt/disk2
wlysy001@vmubuntu:~$ cd /mnt/disk1
wlysy001@vmubuntu:/mnt/disk1$ ls
lost+found
wlysy001@vmubuntu:/mnt/disk1$ sudo touch test
wlysy001@vmubuntu:/mnt/disk1$ ls
lost+found test　　　　　　// 可以访问并执行文件的创建

知识拓展

使用mount查看挂载

使用mount命令也可以查看挂载信息，如图6-25所示。

图 6-25

6.3.4　分区的卸载

在Linux中，卸载使用的命令是umount，该命令的使用方法如下。

【语法】

umount [选项] 设备名或挂载点

【选项】

-a：卸载/etc/mtab中记录的所有文件系统。

-n：卸载时不要将信息存入/etc/mtab文件中。

-r：若无法成功卸载，则尝试以只读的方式重新挂入文件系统。

-t 文件系统类型：仅卸载选项中所指定的文件系统。

-v：执行时显示详细的信息。

动手练 卸载系统中新加硬盘的挂载点

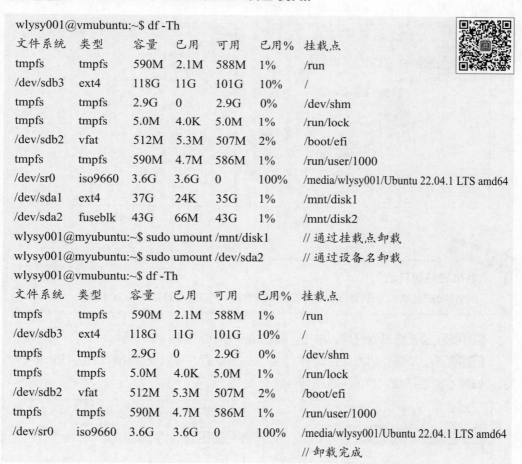

```
wlysy001@vmubuntu:~$ df -Th
文件系统        类型       容量    已用    可用    已用%   挂载点
tmpfs          tmpfs     590M    2.1M    588M    1%     /run
/dev/sdb3      ext4      118G    11G     101G    10%    /
tmpfs          tmpfs     2.9G    0       2.9G    0%     /dev/shm
tmpfs          tmpfs     5.0M    4.0K    5.0M    1%     /run/lock
/dev/sdb2      vfat      512M    5.3M    507M    2%     /boot/efi
tmpfs          tmpfs     590M    4.7M    586M    1%     /run/user/1000
/dev/sr0       iso9660   3.6G    3.6G    0       100%   /media/wlysy001/Ubuntu 22.04.1 LTS amd64
/dev/sda1      ext4      37G     24K     35G     1%     /mnt/disk1
/dev/sda2      fuseblk   43G     66M     43G     1%     /mnt/disk2
wlysy001@myubuntu:~$ sudo umount /mnt/disk1        // 通过挂载点卸载
wlysy001@myubuntu:~$ sudo umount /dev/sda2         // 通过设备名卸载
wlysy001@vmubuntu:~$ df -Th
文件系统        类型       容量    已用    可用    已用%   挂载点
tmpfs          tmpfs     590M    2.1M    588M    1%     /run
/dev/sdb3      ext4      118G    11G     101G    10%    /
tmpfs          tmpfs     2.9G    0       2.9G    0%     /dev/shm
tmpfs          tmpfs     5.0M    4.0K    5.0M    1%     /run/lock
/dev/sdb2      vfat      512M    5.3M    507M    2%     /boot/efi
tmpfs          tmpfs     590M    4.7M    586M    1%     /run/user/1000
/dev/sr0       iso9660   3.6G    3.6G    0       100%   /media/wlysy001/Ubuntu 22.04.1 LTS amd64
                                                        // 卸载完成
```

注意事项 新加入的硬盘的序号

有些用户在加入新硬盘时会被识别成sdb，有些和上例中的情况一样，识别成sda。这种磁盘设备的映射基本上取决于三个顺序，一是磁盘驱动程序的加载；二是对主机插槽的监测；三是磁盘本身的监测，先识别到的就是a，以此类推。所以，在热插拔某些设备、重启等特殊情况下，实际磁盘在Linux下映射的设备文件可能由于这种"排队"的原因而发生改变，而这种底层"偷偷的"变化有时会让管理员犯一些低级错误。一般在重启后，Ubuntu会自动重新排序。所以在对硬盘进行操作时，需要仔细分辨是否为需操作的硬盘。

6.3.5　使用图形工具挂载与卸载

所谓图形工具，就是"磁盘"管理工具，使用它可以快速进行挂载与卸载。在重启Ubuntu后，新加的硬盘会被识别为sdb，以下操作以硬盘sdb为例，希望读者灵活掌握。

Step 01 进入"磁盘"工具，选择需要挂载的硬盘及分区，单击⊡按钮，从弹出的列表中选择"编辑挂载选项"选项，如图6-26所示。

Step 02 关闭"用户会话默认值"开关，勾选"系统启动时挂载"以及"显示用户界面"复选框，设置"挂载点"为"/mnt/sdb1"，"鉴定为"设置为"/dev/sdb1"，其他保持默认，单击"确定"按钮，如图6-27所示。

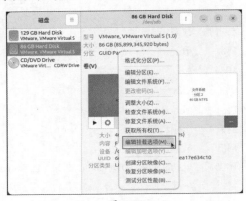

图 6-26

图 6-27

Step 03 验证密码后返回，单击▶按钮启动挂载，如图6-28所示。

Step 04 按照同样的方法挂载第2个分区，完成后，可以查看挂载信息，如图6-29所示。如果不需要挂载，单击■按钮即可。

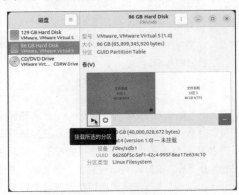

图 6-28

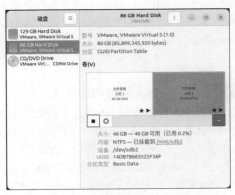

图 6-29

6.3.6 实现开机自动挂载

以上介绍的挂载操作都是临时性的，也就是当前可用。在系统进行重启、注销等操作后，挂载失效，如果仍要访问硬盘中的内容，需要重新挂载。在图形界面的挂载选项中可以设置为"系统启动时挂载"。而在终端窗口中，需要修改挂载的配置文件，以实现开机自动挂载。

1. 配置文件简介

系统中的挂载配置文件位于/etc/fstab中，这个文件会描述系统中各种文件系统的信息，应用程序读取这个文件，然后根据其内容进行自动挂载的工作。使用vim编辑器打开文件，可以看到其中的内容，如图6-30所示。

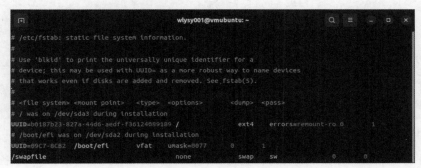

图 6-30

文件中以行为单位，行前"#"代表本行为注释、说明，并不会执行。其他为有效的挂载信息，挂载信息的格式如下：

设备名称 挂载点 文件系统 挂载选项 备份选项 文件系统检查

- **设备名称**：需要挂载的设备或分区，也可以使用设备的UUID号。
- **挂载点**：挂载的目录，可以是系统存在的目录，也可以是手动创建的目录。
- **文件系统**：也就是分区的文件系统类型，在格式化时已经指定好了，也可以使用auto自动检测文件系统。
- **挂载选项**：控制设备是否自动挂载的选项，auto是在系统启动或使用"mount-a"命令时，按照fstab的内容自动挂载。nouser只允许手动挂载。ro是只读选项，rw是读写选项。defaults是所有选项全部使用默认值。

> **知识拓展**
>
> **defaults选项**
>
> defaults选项内容包括rw、suid、dev、exec、auto、nouser、async等默认参数。普通使用只需设置为defaults即可。

- **备份选项**：是否需要备份，0代表不备份，1代表备份。

- **文件系统检查：** 确定文件系统通过什么顺序扫描检查。根文件系统设置为1，其他文件系统设置为2，无须检查设置为0。

2. 修改配置文件

接下来介绍如何手动修改配置文件的操作步骤。

手动创建挂载目录后，使用"sudo vim /etc/fstab"命令进入配置文件，输入i进入编辑模式，手动输入如图6-31所示的内容，因为vim可以自动检查，所以非常方便。

图 6-31

其中分区、挂载点目录、文件系统类型、选项都按照实际情况填写，无须备份与检查，所以设置为"0 0"即可。输入过程中，按Tab键可以跳转到下一个参数位置，输入即可。完成后，输入":wq"保存并退出。

完成配置后，重新启动计算机，或者使用"sudo mount -a"命令，系统会按照fstab中的内容进行挂载。完成后，查看挂载信息，如图6-32所示，说明挂载成功。

图 6-32

fuseblk

fuseblk可以理解为NTFS文件系统类型。

技能延伸：其他介质的使用

除了硬盘外，光驱也可以自动加载到系统中，如果有光盘，可以读取光盘中的内容。除了光驱外，在Linux中使用镜像文件也是常见的操作，另外U盘也可以在Linux系统中方便地使用。下面介绍这两种常见的文件和介质的使用。

1. 镜像文件的挂载与卸载

所谓镜像文件，其实和压缩包类似，它将一系列特定的文件按照一定的格式制作成单一的文件，以方便用户下载和使用，例如一个操作系统、游戏等。它最重要的特点是可以被特定的软件识别，并可直接刻录到光盘上。其实通常意义上的镜像文件可以再扩展一下，在镜像文件中可以包含更多的信息。例如系统文件、引导文件、分区表信息等，这样镜像文件可以包含一个分区甚至是一块硬盘的所有信息。而通常意义上的刻录软件可以直接将支持的镜像文件所包含的内容刻录到光盘上。其实，镜像文件就是光盘的"提取物"。

（1）镜像文件在图形界面中的使用

在Linux图形界面中，可以双击镜像文件，系统会自动加载并挂载到默认目录中，如图6-33所示。

图 6-33

在界面左侧单击挂载点，会弹出镜像的目录，从中复制文件或执行命令即可，如图6-34所示。

图 6-34

如果要卸载镜像文件，在左侧的挂载点上右击，在弹出的快捷菜单中选择"卸载"选项即可，如图6-35所示。或者在文件浏览器左侧单击"卸载"按钮，也可以卸载镜像，如图6-36所示。

图 6-35

图 6-36

（2）镜像文件在终端窗口中的使用

如果要在终端窗口或虚拟控制台中使用镜像，可以将镜像文件挂载到指定目录中，可以使用命令mount进行挂载，选项使用"-o loop"即可，执行效果如下。

```
wlysy001@vmubuntu:~$ sudo mkdir /media/iso
[sudo] wlysy001 的密码：
wlysy001@vmubuntu:~$ ls
公共的 模板 视频 图片 文档 下载 音乐 桌面 snap test.iso
wlysy001@vmubuntu:~$ sudo mount -o loop test.iso /media/iso
mount: /media/iso: WARNING: source write-protected, mounted read-only.
// 挂载后会收到警告提示，镜像文件为只读模式，无法修改
wlysy001@vmubuntu:~$ cd /media/iso/
wlysy001@vmubuntu:/media/iso$ ls
硬盘安装器 .exe WinXP.gho     // 可以进入挂载目录中查看镜像文件内容
```

如果要卸载镜像，也可以使用"sudo umount /media/iso"命令。

│注意事项│ 无法卸载

在卸载时如果遇到"umount: /media/iso: target is busy"的提示，说明镜像文件的挂载目录正在被使用，此时需要停止使用，并退出该目录方可卸载。

2. U 盘的挂载和卸载

U盘或者移动硬盘也是经常使用的，可以在图形界面或者在终端窗口中挂载U盘并使用。

（1）在图形界面中使用U盘

将U盘插入计算机，Ubuntu系统发现U盘后会自动挂载，并在顶部提醒用户，用户可以选择"使用 文件 打开"选项打开该U盘，如图6-37所示。

图 6-37

用户也可以在左侧找到并单击U盘图标来打开U盘，如图6-38所示。

图 6-38

如果U盘不使用，可以在U盘上右击，在弹出的快捷菜单中选择"弹出"选项，如图6-39所示。系统会提醒用户可以安全地移除U盘，如图6-40所示，此时可以安全地从USB接口上拔掉U盘。

图 6-39

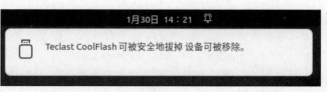

图 6-40

注意事项 卸载和弹出

对于热插拔设备来说，卸载和弹出并不相同，卸载只是将U盘从挂载点移除，并不会为设备断电，用户仍可以重新加载该U盘并继续使用。而弹出和Windows中的对应功能类似，结束设备的使用，并可以安全地移除该设备。而在"磁盘"管理界面中，可以单击 ▲ 按钮来"弹出"U盘，但此处的"弹出"指的是卸载。而要安全移除U盘，可以单击 ⏻ 按钮来"关闭此磁盘"，如图6-41所示。

图 6-41

（2）在终端窗口中使用U盘

在终端窗口中使用U盘仍然涉及卸载和挂载操作。可以看一下Ubuntu识别到的U盘的设备编号，如图6-42所示。可以看到此时的U盘被识别为sdc1。

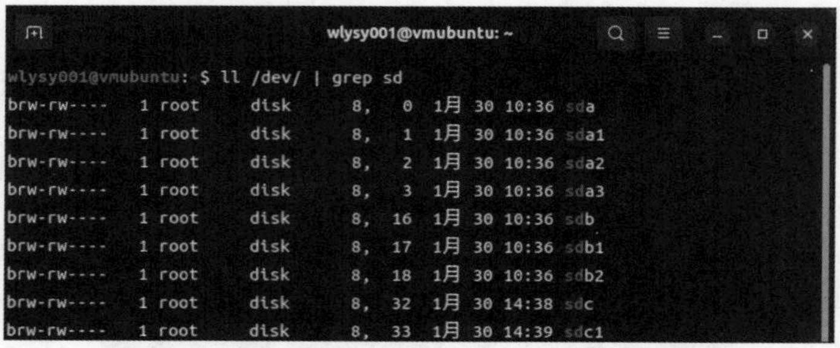

```
wlysy001@vmubuntu: ~
wlysy001@vmubuntu:~$ ll /dev/ | grep sd
brw-rw----   1 root    disk     8,   0  1月 30 10:36 sda
brw-rw----   1 root    disk     8,   1  1月 30 10:36 sda1
brw-rw----   1 root    disk     8,   2  1月 30 10:36 sda2
brw-rw----   1 root    disk     8,   3  1月 30 10:36 sda3
brw-rw----   1 root    disk     8,  16  1月 30 10:36 sdb
brw-rw----   1 root    disk     8,  17  1月 30 10:36 sdb1
brw-rw----   1 root    disk     8,  18  1月 30 10:36 sdb2
brw-rw----   1 root    disk     8,  32  1月 30 14:38 sdc
brw-rw----   1 root    disk     8,  33  1月 30 14:39 sdc1
```

图 6-42

首先需要先创建挂载目录，然后可以按照正常的步骤挂载，注意U盘的文件系统一般为FAT，所以需要设置为vfat，执行效果如下。

```
wlysy001@vmubuntu:~$ sudo mkdir /mnt/usb
[sudo] wlysy001 的密码：
wlysy001@vmubuntu:~$ sudo mount -t vfat /dev/sdc1 /mnt/usb
wlysy001@vmubuntu:~$ df -Th | grep sdc1
/dev/sdc1     vfat     16G   32K   16G    1% /mnt/usb
wlysy001@vmubuntu:~$ cd /mnt/usb
wlysy001@vmubuntu:/mnt/usb$ ls
'System Volume Information'
如果要卸载或安全移除 U 盘，可以使用以下命令操作：
wlysy001@vmubuntu:~$ sudo umount /mnt/usb
// 从挂载点移除 U 盘，移除后 sdc1 仍然在设备目录中，可以再挂载
wlysy001@vmubuntu:~$ sudo eject /dev/sdc1
// 弹出 U 盘，此时 sdc1 已经从设备目录中移除，但 sdc 仍在，已无法挂载
wlysy001@vmubuntu:~$ sudo udisksctl power-off -b /dev/sdc
// 此时 sdc 已从设备目录中移除，设备断电，可以安全地从接口中拔出
```

如果要实现U盘开机自动挂载，则需要修改/etc/fstab文件，增加U盘挂载的配置参数，如图6-43所示。

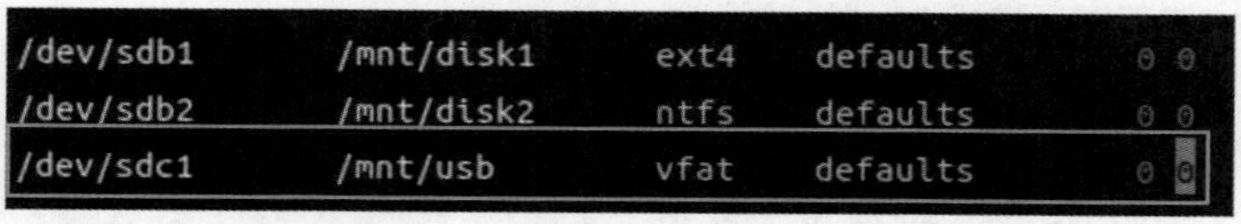

```
/dev/sdb1        /mnt/disk1       ext4     defaults        0 0
/dev/sdb2        /mnt/disk2       ntfs     defaults        0 0
/dev/sdc1        /mnt/usb         vfat     defaults        0 0
```

图 6-43

第7章

网络服务管理

    Linux在服务器领域独占鳌头，主要优势在于其安全性和稳定性，在其上运行的各种网络服务，如Web、FTP、DHCP、DNS等都可以发挥硬件及网络的最大优势。同时配置过程也比Windows Server简单且灵活。本章将着重介绍Ubuntu的网络配置，以及常见网络服务的搭建、配置及管理。

重点难点

- 网络信息的查看
- 网络参数的配置
- 常见网络服务的搭建

7.1 网络信息查看

在配置和管理网络及网络服务前，需要学会在Linux中查看网络相关参数的方法。与Windows不同，Linux的网络参数配置更加简单且灵活。

7.1.1 在图形界面查看网络信息

在图形界面查看网络参数信息，可以通过"设置"进入"网络"查看，也可以通过以下步骤查看。

Step 01 在桌面上单击右上角的"系统功能区"，从下拉菜单中选择"有线 已连接"下拉列表，在菜单中选择"有线设置"选项，如图7-1所示。

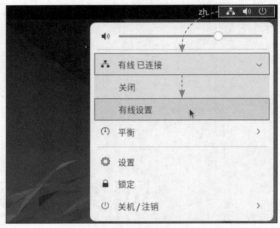

图 7-1

Step 02 在弹出的"设置"界面中单击⊙按钮，如图7-2所示。在这里还可以添加VPN及配置网络代理功能。

图 7-2

启动及关闭网络

在图7-1中可以单击"关闭"按钮，或在图7-2中关闭有线网卡的开关来关闭该网络。

Step 03 在弹出的"有线"界面的"详细信息"选项卡中，可以查看当前网络的速度、IPv4及IPv6地址、路由地址及DNS地址，如图7-3所示。

图 7-3

Step 04 在IPv4选项卡中，可以查看当前的网络地址获取方式，如果手动配置了IP地址，可以在此处查看及修改配置，如图7-4所示。

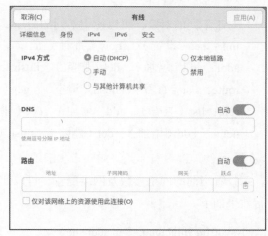

图 7-4

7.1.2　在终端窗口查看网络信息

主要的网络信息包括网卡信息、IP地址、MAC地址、DNS地址以及网关地址。下面分别介绍查看的方法。

1. 查看 IP 地址

在终端窗口和虚拟控制台查看网络信息需要使用ip命令，在以前的版本中，使用的命令是ifconfig，但现在已经被Ubuntu启用，如果要使用，需要安装"net-tools"软件包。ip命令与ifconfig命令类似，但比ifconfig命令更加强大，主要功能是用于查看或设置网络设备、路由和隧道的配置等。

【语法】

ip [选项] OBJECT COMMAND

【选项】

-V：显示版本信息。

--help：显示帮助信息。

-s：显示详细的信息。

-f：指定协议类型。

-h：输入可读信息。

-4：指定协议为inet，就是IPv4。

-6：指定协议为inet6，也就是IPv6。

【OBJECT】

ip命令的对象包括link（网络设备）、addr（设备地址）、route（路由表）、rule（策略）、neigh，arp缓存、tunnel（ip通道）、maddr（多播地址）、mroute（多播路由）等。

【COMMAND】

对于不同的对象，可以使用不同的命令。

link：set（设置）、show（查看）等。

addr：add（增加）、del（删除）、flush（清空）、show（查看）等。

route：list（查看）、flush（清空）、get（获取）、add（添加）、del（删除）等。

rule：list（查看）、add（增加）、del（删除）、flush（清空）等。

neigh：add（增加）、del（删除）、flush（清空）、show（查看）等。

【示例】查看当前网络的网卡和IP地址

查看当前的网络参数及网络配置，可以使用"ip addr show"命令查看详细信息，执行效果如下。

```
wlysy001@vmubuntu:~$ ip addr show
1: lo: <LOOPBACK,UP,LOWER_UP> mtu 65536 qdisc noqueue state UNKNOWN group default qlen 1000
   link/loopback 00:00:00:00:00:00 brd 00:00:00:00:00:00
   inet 127.0.0.1/8 scope host lo
      valid_lft forever preferred_lft forever
   inet6 ::1/128 scope host
      valid_lft forever preferred_lft forever
2: ens33: <BROADCAST,MULTICAST,UP,LOWER_UP> mtu 1500 qdisc fq_codel state UP group default qlen 1000
   link/ether 00:0c:29:9a:d7:d0 brd ff:ff:ff:ff:ff:ff
   altname enp2s1
   inet 192.168.80.104/24 brd 192.168.80.255 scope global dynamic noprefixroute ens33
      valid_lft 1306sec preferred_lft 1306sec
   inet6 fe80::36c9:3d3c:74b2:7181/64 scope link noprefixroute
      valid_lft forever preferred_lft forever
```

其中，"1：lo"指的是虚拟设备，也叫作本地回环接口，IP地址为127.0.0.1，子网掩码为255.0.0.0。

"2：ens33"是本机的正常网卡。以前的网卡使用以太网卡（Ethernet），Linux称这种网络接口为ethN（N为数字）。新的Linux发行版对于网卡的编号有另一套规则，网卡界面代号与网卡的来源有关，网卡名称分类如下。

- **eno1**：代表由主板BIOS内置的网卡。
- **ens1**：代表由主板BIOS内置的PCI-E界面的网卡，本机为ens33。
- **enp2s0**：代表PCI-E界面的独立网卡，可能有多个插孔，因此会有s0、s1……的编号。
- **eth0**：如果上述的名称都不适用，就回到原本的默认网卡编号。

link/ether：网卡的MAC地址。

inte 192.168.80.104/24：网卡获取的IPv4地址，子网掩码为24位，也就是255.255.255.0。

inet6：IPv6的地址。

知识拓展

快速查看本机IP地址

也可以使用"hostname –I"快速查看本机的IP地址。

2. 查看 DNS 地址

DNS服务器负责域名到IP地址的解析，在Ubuntu中，可以使用nmcli命令查看。该命令除了查看DNS地址，还可以查看网络接口信息、启动或停止网卡接口、修改IP地址、DNS地址等。

【语法】

nmcli [OPTIONS] OBJECT COMMAND

【选项】

-a：提示输入缺少的参数，而不是报错。例如，连接WiFi时没有提供password参数，如果有"-a"选项就会提示输入密码。

-p：显示时会更加易于阅读，尤其是多行显示时，可以分块显示。

-c：查看连接。

-d：查看设备。

【OBJECT】

可以是general、networking、radio、connection（连接）或device（网络接口）等。

【COMMAND】

根据不同的OBJECT有不同的命令可以执行。

动手练 查看当前系统的DNS信息

可以使用"nmcli device show"命令查看包括IP地址、DNS地址、网关地址等所有网络信息，执行效果如下，可以看到DNS地址为192.168.80.2。

```
GENERAL.DEVICE:              ens33            // 网卡名称
GENERAL.TYPE:                ethernet         // 网卡类型
GENERAL.HWADDR:              00:0C:29:9A:D7:D0  //MAC 地址
GENERAL.MTU:                 1500
GENERAL.STATE:               100（已连接）
GENERAL.CONNECTION:          有线连接 1        // 连接名称
GENERAL.CON-PATH:            /org/freedesktop/NetworkManager/ActiveC>
WIRED-PROPERTIES.CARRIER:    开启
IP4.ADDRESS[1]:              192.168.80.104/24  // 地址
IP4.GATEWAY:                 192.168.80.2      // 网关地址
IP4.ROUTE[1]:                dst = 192.168.80.0/24, nh = 0.0.0.0, mt>
IP4.ROUTE[2]:                dst = 169.254.0.0/16, nh = 0.0.0.0, mt >
IP4.ROUTE[3]:                dst = 0.0.0.0/0, nh = 192.168.80.2, mt >
                             // 默认路由地址
IP4.DNS[1]:                  192.168.80.2      //DNS 地址
```

3. 查看网关地址

除了nmcli命令外，如果要快速查看网关地址，可以使用"ip route list"命令，执行效果如下，可以看到网关地址为192.168.80.2。

```
wlysy001@vmubuntu:~$ ip r
default via 192.168.80.2 dev ens33 proto dhcp metric 100
169.254.0.0/16 dev ens33 scope link metric 1000
192.168.80.0/24 dev ens33 proto kernel scope link src 192.168.80.104 metric 100
```

注意事项 命令简写

ip命令的很多选项可以简写，例如"ip address show"可以简写为"ip a s"，"ip route"可以简写为"ip r"等。

7.2 网络参数配置

计算机如果要联网，除了具备硬件和网络外，还要为计算机配置上面查看到的各种网络参数。大部分情况可以使用DHCP服务获取，但对于服务器来说，如果网络参数需要固定就需要手动配置，所以本节将介绍无线网络和有线网络的参数配置。

7.2.1 无线网络的使用

当计算机中接入了无线网卡，就可以使用无线连接网络，下面介绍无线网络的接入和使用。

Step 01 将无线网卡接入计算机中，Ubuntu会自动识别到并安装驱动，然后在桌面右上角的"系统功能区"中会显示"WiFi"，展开后，选择"选择网络"选项，如图7-5所示。

Step 02 在接入点列表中选择需要接入的网络，单击"连接"按钮，如图7-6所示，输入无线连接密码后，就可以连接到该无线网络。

图 7-5

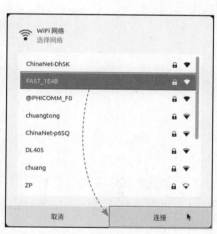

图 7-6

Step 03 如果是隐藏网络，则在图7-5中选择"WiFi设置"选项，在弹出的"WiFi设置"界面中，单击右上角的□按钮，从列表中选择"连接到隐藏网络"选项，如图7-7所示。

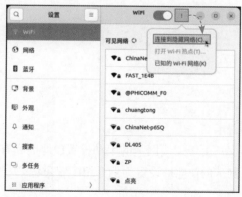

图 7-7

Step 04 输入网络名称，并选择加密方式，输入密码后单击"连接"按钮，如图7-8所示。

图 7-8

Step 05 连接后，单击▣按钮，进入信息界面，可以查看无线信息，如图7-9所示。

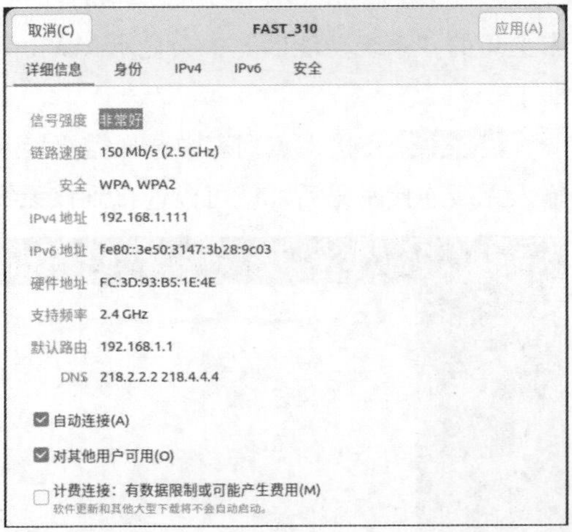

图 7-9

Step 06 在终端窗口中查看当前网络信息，可以看到无线网卡的各种信息，如图7-10所示。

图 7-10

由于无线网卡的手动设置IP地址和有线网卡的设置过程基本一致，所以下面以有线网卡的IP地址设置为例介绍配置过程。

7.2.2　使用图形化界面配置网络参数

在图形化界面中，配置网络参数需要按照前面的操作步骤进入如图7-4所示的网卡设置界面，然后按照以下方法操作。

Step 01 选中"手动"单选按钮，在下方出现的"地址"中输入IP地址、子网掩码和网关地址，如图7-11所示。

Step 02 在下方输入DNS服务器的地址。如果有多个DNS地址，地址之间使用","分隔。完成后单击"应用"按钮，如图7-12所示。

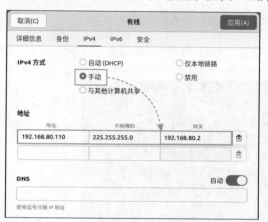

图 7-11

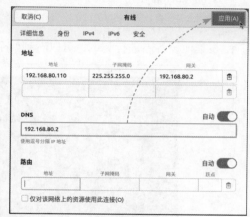

图 7-12

知识拓展

配置技巧

在Ubuntu中，同一个网络接口可以配置多个IP地址，可以在"地址"中输入多行。如果网络有多个出口，在下方的"路由"中可以配置路由表，设置某网络及其出口（网关）信息。

Step 03 配置完毕后，网络无法即时生效，可以关闭并重新打开网卡接口的开关按钮，如图7-13所示，使配置生效。

图 7-13

7.2.3　使用终端窗口配置网络参数

在终端窗口配置网络参数是服务器的基本操作，包括增加IP地址、删除IP地址、增加及删除路由条目、增加及删除默认路由，下面介绍具体的操作步骤。

199

1. 增加 IP 地址

因为一个接口可以绑定多个IP地址，所以可以为接口增加多个IP地址，命令格式为"sudo ip addr add IP地址/子网掩码位数 dev 接口名"，IP命令可以简写，执行效果如下。

```
wlysy001@vmubuntu:~$ hostname -I
192.168.80.104
wlysy001@vmubuntu:~$ sudo ip a a 192.168.80.110/24 dev ens33
[sudo] wlysy001 的密码：
wlysy001@vmubuntu:~$ hostname -I
192.168.80.104 192.168.80.110            // 多了一个 192.168.80.110
```

在其他设备上进行测试，可以看到两个IP地址都可以使用，如图7-14所示。

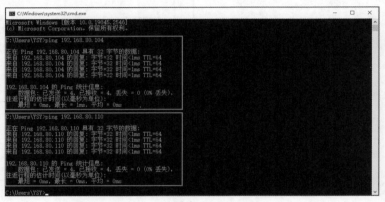

图 7-14

2. 删除 IP 地址

删除IP地址可以使用"sudo ip addr del IP地址/子网掩码位数 dev 接口名"命令，执行效果如下。

```
wlysy001@vmubuntu:~$ hostname -I
192.168.80.104 192.168.80.110
wlysy001@vmubuntu:~$ sudo ip a d 192.168.80.104/24 dev ens33
wlysy001@vmubuntu:~$ hostname -I
192.168.80.110                    // 删除了 192.168.80.104
```

替换IP地址

替换IP地址可以通过增加一个IP地址，再删除之前的IP地址的方式实现。

3. 增加路由条目

对路由表进行操作，通过增加删除路由条目，让数据包按照指定的出口传输是网络管理员的常见操作。可以使用"ip route add IP网段/子网掩码位数 via 下一跳地址 dev 接口名称"命令进行设置，执行效果如图7-15所示。

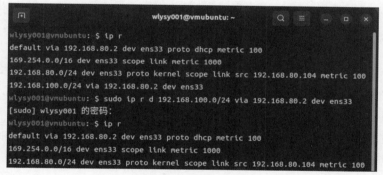

图 7-15

可以看到增加的路由条目出现在路由表的最下方。

4. 删除路由条目

删除路由条目，使用的命令格式为"ip route del IP网段/子网掩码位数 via 下一跳地址 dev 接口名称"，执行效果如图7-16所示。

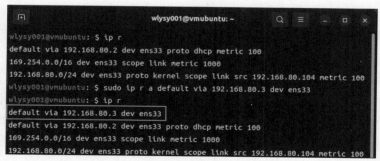

图 7-16

5. 增加默认路由

增加默认路由的命令格式为"ip route add default via ip dev 接口名称"，执行效果如图7-17所示。

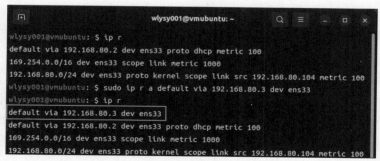

图 7-17

动手练 **删除默认路由** ————————————————————●

删除默认路由，可以将增加命令中的add改成del，执行效果如图7-18所示。

```
wlysy001@vmubuntu: ~                              Q  ≡  –  □  ×

wlysy001@vmubuntu: $ ip r
default via 192.168.80.3 dev ens33
default via 192.168.80.2 dev ens33 proto dhcp metric 100
169.254.0.0/16 dev ens33 scope link metric 1000
192.168.80.0/24 dev ens33 proto kernel scope link src 192.168.80.104 metric 100
wlysy001@vmubuntu: $ sudo ip r d default via 192.168.80.3 dev ens33
wlysy001@vmubuntu: $ ip r
default via 192.168.80.2 dev ens33 proto dhcp metric 100
169.254.0.0/16 dev ens33 scope link metric 1000
192.168.80.0/24 dev ens33 proto kernel scope link src 192.168.80.104 metric 100
```

图 7-18

知识拓展

清除接口配置信息

使用"ip addr flush dev 接口名称"命令可清空该接口的配置信息。

7.2.4 永久修改网络参数

以上介绍的内容都是临时修改，也就是即时生效，在计算机重启、网卡重置、网络服务重启后，配置失效。所以如果要永久修改网络参数，让其永久生效，需要修改Ubuntu的网络配置文件的内容。

以往的配置文件存储在resolv.conf文件中，但由于Ubuntu的升级改版，已经弃用了该文件，现在如果要修改网络参数，需要修改netplan配置文件。

1. netplan 简介

由于较新版本的Ubuntu修改了IP地址配置程序，Ubuntu和Debian的软件架构师删除了以前的ifup/ifdown命令和/etc/network/interfaces配置文件，改为使用netplan命令管理IP地址。其配置文件为/etc/netplan/*.yaml，netplan从该文件读取配置信息并交给后台程序。

从前需要根据不同的管理工具编写网络配置，现在netplan将管理工具差异性给屏蔽了。用户只需按照netplan规范编写yaml配置，不管底层管理工具是什么，都可以使用。

netplan目前支持以下两种网络管理工具。

● **NetworkManager**：管理所有网络设备，默认只要检测到以太网设备接线，便以DHCP模式启动该设备。NetworkManager是一个守护进程，用于简化Linux系统上的网络，它为应用程序提供一个丰富的API来查询和控制网络配置和状态。

● **Systemd-networkd**：不会自动启动网络设备，每个需要启用的网卡均需要在/etc/netplan 配置文件中指定配置。

netplan操作命令提供以下两个子命令。

- **netplan generate**：以/etc/netplan文件为管理工具生成配置。
- **netplan apply**：应用配置，连接网络。

可以查看该yaml文件，由于默认是DHCP获取IP地址，所以文件内部为空，如图7-19
所示。

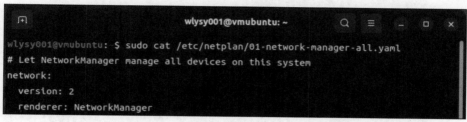

图 7-19

2. 修改配置文件

在该配置文件中，按照配置文件的格式，可以设置包括IP地址、网关、DNS、DHCP
服务器等内容，使用"sudo vim /etc/netplan/01-network-manager-all.yaml"命令进入文件
进行修改，用户可以按照下面的格式创建新的配置。

```
network:
  version: 2        // 版本信息，注意所有 ":" 后带内容的，都要有空格
  renderer: NetworkManager          // 默认的网络管理工具
  ethernets:
// 有线配置集合，相对应的无线配置集合为 wifis、VLAN 配置集合为 vlans
    ens33:                // 网卡名称以下为该网卡的配置信息
      dhcp4: false
// 停用 DHCP 功能，也可以用 no，如果要开启 DHCP，只要设置值为 true 即可
      addresses:        // 以下为配置 IP 地址信息，可以配置多个
        - 192.168.80.110/24          // 注意要加上子网掩码位数
// 如果配置一个 IP，以上两行可以合成：addresses [192.168.80.80/24]
      optional: true
      routes:           //gateway4 已经弃用，现在使用 routes
        - to: default                // 默认目标地址
          via: 192.168.80.2          // 默认路由 IP 地址，也就是网关
      nameservers:                   //DNS 地址
        addresses: [192.168.80.2,192.168.1.1]        // 可以配置多个
```

配置完毕后使用":wq"命令保存并退出。

注意事项 配置格式

在配置时需要注意格式，类与类之间需要对齐，类下的子类和子类下的参数也需要相互间对齐，如图7-20所示。

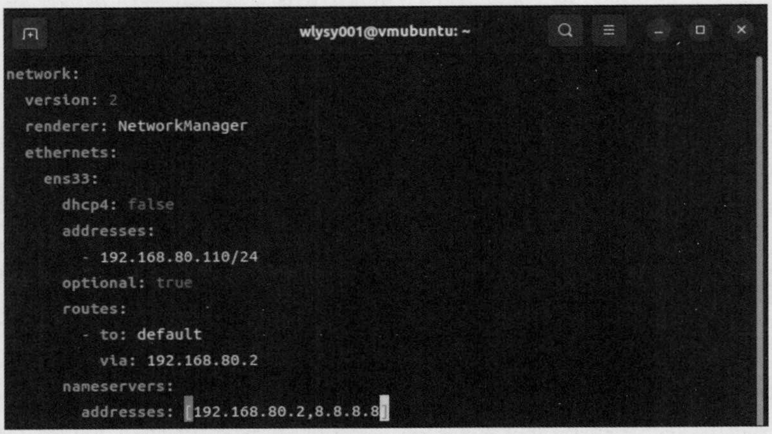

network:
  version: 2
  renderer: NetworkManager
  ethernets:
    ens33:
      dhcp4: false
      addresses:
        - 192.168.80.110/24
      optional: true
      routes:
        - to: default
          via: 192.168.80.2
      nameservers:
        addresses: [192.168.80.2,8.8.8.8]

图 7-20

知识拓展

测试配置

退出后，使用"sudo netplan apply try"命令测试配置内容是否有误，如果正确，则自动启动该配置；如果有错误内容，则需要用户修改。

7.2.5　重启网络服务

一些网络参数的配置需要重启网络服务才能生效，还有一些临时配置，需要重启网络服务才能重新读取默认网络参数。

在Linux系统中，重启网络服务的方法非常多，可以通过开关服务、开关端口进行。前面介绍在图形界面中配置网络参数时，通过打开或关闭网络接口来刷新网络服务。下面介绍在终端窗口中如何重启网络服务。

1. 使用 systemctl 命令控制网络服务

NetworkManager是用来管理网络的程序，在系统中以服务的方式存在，可以读取网络的配置参数，所以可以使用服务管理命令systemctl来进行管理，该命令的使用及执行效果如下。

```
wlysy001@vmubuntu:~$ sudo systemctl stop NetworkManager.service
// 停止网络管理服务
[sudo] wlysy001 的密码：
wlysy001@vmubuntu:~$ sudo systemctl start NetworkManager.service
```

```
// 启动网络管理服务
wlysy001@vmubuntu:~$ sudo systemctl restart NetworkManager.service
// 重启网络管理服务
```

重启网络服务

重启网络服务从本质上来说是先停止后启动，用一个命令简化了。

2. 使用 nmcli 命令控制网络服务

nmcli可以用来配置网络参数，也可以进行网络服务的重启，执行效果如下。

```
wlysy001@vmubuntu:~$ sudo nmcli networking off
// 关闭网络服务
wlysy001@vmubuntu:~$ sudo nmcli networking on
// 开启网络服务
```

动手练 使用接口控制重启网络服务

在图形界面可以通过开关来关闭和开启接口，并重启网络服务。在终端窗口中，可以使用ip命令来关闭或开启网络接口，重新获取网络配置信息，执行效果如下。

```
wlysy001@vmubuntu:~$ sudo ip link set ens33 down
// 关闭网卡接口
wlysy001@vmubuntu:~$ sudo ip link set ens33 up
// 开启网卡接口
```

7.3 常见网络服务的搭建

Linux因其在服务器领域的高稳定性和效率而出名，在Ubuntu中，也可以方便地搭建各种网络服务。下面以最为常见的几种服务的搭建过程进行介绍。

7.3.1 Samba服务的搭建

Samba（Server Messages Block，信息服务块）是在Linux和UNIX系统上实现SMB协议的一个免费软件，由服务器及客户端程序构成。SMB是一种在局域网上共享文件和打印机的通信协议，它为局域网内的不同计算机之间提供文件及打印机等资源的共享服务。SMB协议是客户/服务器型协议，客户机通过该协议可以访问服务器上的共享文件系统、打印机及其他资源。在Windows和Linux的"网络"中，可以查看及访问局域网中的计算机共享的文件夹，并且可以快速传输文件，下面介绍Samba服务的搭建过程。

1. 安装 Samba 服务

Samba服务默认并没有集成在系统中，如果要安装，需要在配置好镜像源的基础上进行安装。使用"sudo apt install samba"命令即可安装，执行效果如下。

```
wlysy001@vmubuntu:~$ sudo apt install samba
[sudo] wlysy001 的密码：
正在读取软件包列表 ... 完成
正在分析软件包的依赖关系树 ... 完成
正在读取状态信息 ... 完成
将会同时安装下列软件：
 attr ibverbs-providers libcephfs2 libgfapi0 libgfrpc0 libgfxdr0
 libglusterfs0 libibverbs1 librados2 librdmacm1 liburing2 python3-dnspython
……
正在处理用于 ufw (0.36.1-4build1) 的触发器 ...
正在处理用于 man-db (2.10.2-1) 的触发器 ...
正在处理用于 libc-bin (2.35-0ubuntu3.1) 的触发器 ...
```

知识拓展

测试共享

在同一局域网的其他设备中，使用"\\IP"的方式即可访问测试，因为没有配置共享文件夹，所以显示为空白，如图7-21所示，从"网络"中也能看到该主机。

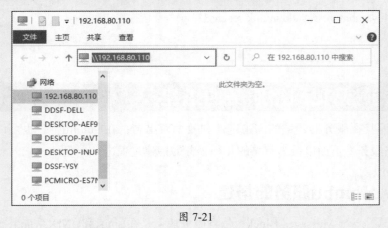

图 7-21

2. 在图形界面创建及访问共享

在Ubuntu的图形界面中，可以直接共享文件夹，如果没有安装Samba服务，则会提示用户进行安装。下面介绍共享的配置过程。

Step 01 在图形界面中的文件夹上右击，在弹出的快捷菜单中选择"属性"选项，如图7-22所示。

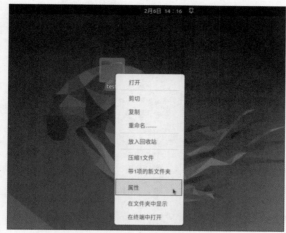

图 7-22

Step 02 在打开的"属性"对话框中，切换到"本地网络共享"选项卡，勾选"共享此目录"复选框，可以设置共享名称，其他的复选框根据用户需要进行勾选，完成后单击"创建共享"按钮，如图7-23所示。

图 7-23

Step 03 系统提示需要自动添加一些权限才能进行共享，单击"自动添加权限"按钮，如图7-24所示。

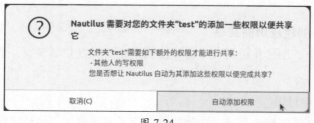

图 7-24

Step 04 此时可以看到共享，但无法访问，需要做一些操作。对用户主目录也执行文件夹共享的操作，如图7-25所示。

Step 05 报错返回后，可以访问共享目录中的内容，如图7-26所示。

图 7-25

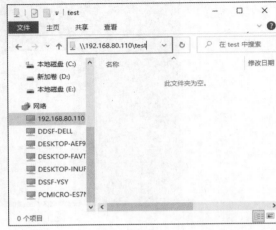

图 7-26

知识拓展

在Ubuntu图形界面访问共享

在Ubuntu的图形界面中，可以通过收藏夹栏的"文件"→"其他位置"命令输入服务器的IP地址和访问的协议，如图7-27所示，就可以访问共享了，如图7-28所示。在这里还可以连接FTP服务器、SFTP服务器、NFS服务器等。在"网络"中也会显示网络中的服务器。

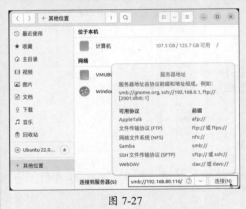

图 7-27

图 7-28

3. 在终端窗口中创建及访问共享

在终端窗口中，创建及访问共享需要使用命令及配置共享参数，下面介绍创建及访问的操作步骤。

（1）创建共享目录

创建目录外，还要修改目录的访问权限，为了方便测试，将目录权限变为全部用户可读写，执行效果如下。

```
wlysy001@vmubuntu:~$ sudo mkdir /var/123
[sudo] wlysy001 的密码：
wlysy001@vmubuntu:~$ sudo chmod 777 /var/123
```

（2）配置共享参数

Samba服务的配置文件保存在/etc/samba/smb.conf中，可以通过复制备份后，再修改该文件，在末尾插入以下内容后保存并退出。

```
[share]                    // 共享名称
path = /var/123/           // 共享的目录路径
browseable = yes           // 共享目录是否可见
writable = yes             // 共享目录是否可写
public = yes               // 共享目录是否对所有登录成功的用户可见
```

（3）重启服务

Samba服务在服务中的名称为smbd，可以使用命令重启，并查看其工作状态。

```
wlysy001@vmubuntu:~$ sudo service smbd restart           // 重启 smbd 服务
wlysy001@vmubuntu:~$ sudo service smbd status            // 查看服务的状态
● smbd.service - Samba SMB Daemon
   Loaded: loaded (/lib/systemd/system/smbd.service; enabled; vendor preset: >
   Active: active (running) since Mon 2023-02-06 14:51:17 CST; 6s ago
//active（running），活动，正在运行中
   Docs: man:smbd(8)
       man:samba(7)
```

（4）在终端窗口中访问共享

此时可以通过图形界面查看及访问该共享，如图7-29所示。

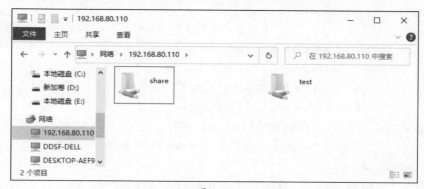

图 7-29

下面介绍如何在终端窗口或虚拟控制台中访问共享。首先在共享目录中创建几个测

试文件，接下来安装smb客户端程序，执行效果如下。

```
wlysy001@vmubuntu:~$ sudo apt install smbclient -y
正在读取软件包列表 ... 完成
正在分析软件包的依赖关系树 ... 完成
正在读取状态信息 ... 完成
建议安装：
  cifs-utils heimdal-clients
```

知识拓展

"-y"的作用

正常的安装过程中，会使用交互式界面提示用户是否允许，"-y"的作用是在有询问时，均选择同意。

接下来使用smbclient命令，就可以查看共享并进入共享目录，执行上传或下载操作，执行效果如下。

```
wlysy001@vmubuntu:~$ smbclient -L 192.168.80.110   // 查看该 IP 地址的所有共享
Password for [WORKGROUP\wlysy001]:        // 因为是匿名访问，直接按回车键

        Sharename      Type      Comment
        ---------      ----      -------
        print$         Disk      Printer Drivers
        share          Disk
        IPC$           IPC       IPC Service (vmubuntu server (Samba, Ubuntu))
        test           Disk
SMB1 disabled -- no workgroup available
wlysy001@vmubuntu:~$ smbclient //192.168.80.110/share   // 进入共享目录
Password for [WORKGROUP\wlysy001]:
Try "help" to get a list of possible commands.
smb: \> ls                       // 列出目录内容
  .                   D       0  Mon Feb  6 14:55:46 2023
  ..                  D       0  Mon Feb  6 14:43:32 2023
  123.txt             A       0  Mon Feb  6 14:55:24 2023
  345                 D       0  Mon Feb  6 14:55:41 2023
  234.docx            A       0  Mon Feb  6 14:55:32 2023
                122748512 blocks of size 1024. 104965456 blocks available
smb: \> get 123.txt                     // 下载
getting file \123.txt of size 0 as 123.txt (0.0 KiloBytes/sec) (average -nan KiloBytes/sec)
```

常见的"smb: \>"命令

在使用smbclient命令进入"smb: \>"后，可以使用以下命令进行进一步操作。

cd [目录]：切换到服务器端指定目录，如未指定，则返回当前本地目录。

lcd [目录]：切换到客户端指定的目录。

dir或ls：列出当前目录中的文件。

exit或quit：退出smbclient。

get file1 file2：从服务器上下载file1，并以文件名file2保存在本地机上；如果不想改名，可以把file2省略。

mget file1 file2 file3 filen：从服务器上下载多个文件。

md或mkdir [目录]：在服务器上创建目录。

rd或rmdir [目录]：删除服务器上的目录。

put file1 [file2]：向服务器上传文件file1，并将其在服务器上的名字改为file2。

mput file1 file2 filen：向服务器上传多个文件。

传输完成后，可以到用户主目录中查看下载的内容。如果要长期使用，可以将共享文件夹挂载到系统中使用，执行效果如下。

```
wlysy001@vmubuntu:~$ sudo mkdir /var/abc
wlysy001@vmubuntu:~$ sudo mount -t cifs -o username=aaa //192.168.80.110/share /var/abc/
wlysy001@vmubuntu:~$ cd /var/abc/
wlysy001@vmubuntu:/var/abc$ ls
123.txt  234.docx  345
```

7.3.2　FTP服务的搭建

FTP服务器（File Transfer Protocol Server）是在互联网上提供文件存储和访问服务的计算机，它们依照FTP提供服务。FTP是专门用来传输文件的协议。下面介绍如何在Ubuntu中安装并使用FTP服务。

1. 安装FTP服务

FTP服务在Ubuntu中叫作vsftpd，在下载时，需要根据此名称安装，执行效果如下。

```
lysy001@vmubuntu:~$ sudo apt install vsftpd -y
[sudo] wlysy001 的密码：
正在读取软件包列表 ... 完成
正在分析软件包的依赖关系树 ... 完成
正在读取状态信息 ... 完成
下列【新】软件包将被安装：
```

```
 vsftpd
```

升级了 0 个软件包，新安装了 1 个软件包，要卸载 0 个软件包，有 37 个软件包未被升级
需要下载 123 KB 的归档。
解压缩后会消耗 326 KB 的额外空间

2. 创建 FTP 目录

接下来需要创建FTP的目录，并赋予相关权限，执行效果如下。

```
wlysy001@vmubuntu:~$ sudo mkdir /var/ftp              // 创建 ftp 主目录
wlysy001@vmubuntu:~$ sudo chgrp ftp /var/ftp          // 修改属组为 ftp
wlysy001@vmubuntu:~$ sudo mkdir /var/ftp/test         // 创建子目录
wlysy001@vmubuntu:~$ sudo touch /var/ftp/test/111 /var/ftp/test/222
                                                      // 创建测试文件
wlysy001@vmubuntu:~$ sudo chown ftp:ftp -R /var/ftp/test
// 将 test 文件夹中的文件和目录的所有者及所属组都改为 ftp
```

3. 修改配置文件

修改配置文件是因为程序运行时，因为环境不同，需要结合本地和用户的需要来配置各种参数。FTP的配置文件在/etc/vsftpd.conf中，在编辑前，建议将配置文件进行备份后再修改。

注意事项 **"#"开头的行**

在配置文件中，以"#"开头的行，一般仅起说明作用，并不会作为参数被服务使用。有些行提供了范例，如果要使用，可以删除"#"，修改该行内容即可。

在配置文档中，需要开启及修改的内容及其说明如下。

listen=YES：是否侦听IPv4，如果设置为YES，将listen_ipv6设置为NO。

anonymous_enable=YES：是否允许匿名登录，NO是不允许，YES是允许。

local_enable=YES：允许本地账户登录（需启用）。

write_enable=YES：是否给予写权限（需启用）。

local_root=/var/ftp/：设置ftp的主目录（需输入）。

anon_root=/var/ftp/：匿名用户根目录（需输入）。

anon_upload_enable=YES：允许上传文件（需启用）。

anon_mkdir_write_enable=YES：允许创建目录（需启用）。

anon_other_write_enable=YES：开放其他权限（需输入）。

4. 重启服务

所有配置完成后，需要重启服务来使配置生效，执行效果如图7-30所示。

```
wlysy001@vmubuntu:~$ sudo service vsftpd restart
wlysy001@vmubuntu:~$ sudo service vsftpd status
● vsftpd.service - vsftpd FTP server
     Loaded: loaded (/lib/systemd/system/vsftpd.service; enabled; vendor preset>
     Active: active (running) since Mon 2023-02-06 16:14:55 CST; 4s ago
    Process: 10797 ExecStartPre=/bin/mkdir -p /var/run/vsftpd/empty (code=exite>
   Main PID: 10798 (vsftpd)
      Tasks: 1 (limit: 6996)
     Memory: 860.0K
        CPU: 3ms
     CGroup: /system.slice/vsftpd.service
             └─10798 /usr/sbin/vsftpd /etc/vsftpd.conf

2月 06 16:14:55 vmubuntu systemd[1]: Starting vsftpd FTP server...
2月 06 16:14:55 vmubuntu systemd[1]: Started vsftpd FTP server.
```

图 7-30

5. FTP 服务器的登录及使用

FTP配置完成后，可以在浏览器中输入"ftp://IP"进行访问，或者在资源管理器中访问，如图7-31、图7-32所示。

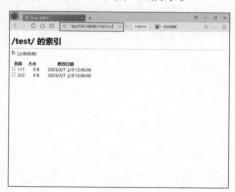

图 7-31

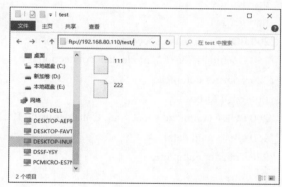

图 7-32

除了图形界面外，还可以使用命令登录，在Windows或Linux中，登录和操作方法一致，下面以在Window的命令行模式登录为例进行介绍，执行过程如下。

```
Microsoft Windows [ 版本 10.0.19045.2546]
(c) Microsoft Corporation。保留所有权利。
C:\Users\YSY>ftp 192.168.80.110                 // 连接 FTP 服务器
连接到 192.168.80.110。
220 (vsFTPd 3.0.5)
200 Always in UTF8 mode.
用户 (192.168.80.110:(none)): ftp               // 输入登录用户 ftp
331 Please specify the password.
```

密码: //ftp 用户默认密码也是 ftp

230 Login successful.   // 登录成功

ftp> dir   // 显示当前目录中的文件及目录

200 PORT command successful. Consider using PASV.

150 Here comes the directory listing.

drwxr-xr-x   2 129   138   4096 Feb 06 16:06 test

226 Directory send OK.

ftp: 收到 65B，用时 0.00s， 65.00KB/s

ftp> cd test   // 切换目录

250 Directory successfully changed.

ftp> dir

200 PORT command successful. Consider using PASV.

150 Here comes the directory listing.

-rw-r--r--   1 129   138   0 Feb 06 16:06 111

-rw-r--r--   1 129   138   0 Feb 06 16:06 222

226 Directory send OK.

ftp: 收到 125 B，用时 0.00s， 62.50KB/s

ftp> lcd d:\   // 设置本地主目录

ftp> get 111   // 下载文件

200 PORT command successful. Consider using PASV.

150 Opening BINARY mode data connection for 111 (0 bytes).

226 Transfer complete.   // 下载完成

ftp> put 123.txt   // 上传文件

200 PORT command successful. Consider using PASV.

150 Ok to send data.

226 Transfer complete.

ftp> dir

200 PORT command successful. Consider using PASV.

150 Here comes the directory listing.

-rw-r--r--   1 129   138   0 Feb 06 16:06 111

-rw-------   1 129   138   0 Feb 06 16:26 123.txt

-rw-r--r--   1 129   138   0 Feb 06 16:06 222

226 Directory send OK.

ftp: 收到 190B，用时 0.00s， 63.33KB/s

ftp> delete 123.txt   // 删除文件

250 Delete operation successful.

ftp> dir

200 PORT command successful. Consider using PASV.

150 Here comes the directory listing.

Ubuntu Linux操作系统标准教程（实战微课版）

```
-rw-r--r--   1 129      138         0 Feb 06 16:06 111
-rw-r--r--   1 129      138         0 Feb 06 16:06 222
226 Directory send OK.
ftp: 收到 125B，用时 0.00s，125.00KB/s
ftp> by                              // 退出
221 Goodbye.
```

配置上传文件的权限

　　上传的文件默认只有FTP有读写权限，并不集成目录权限。如果要修改权限，除了管理员手动修改外，还可以在配置文件中，启用anon_umask=xxx，设置匿名用户上传文件的权限掩码。

7.3.3 网页服务的搭建

　　网页服务器也叫作Web服务器，主要功能是提供网上信息的浏览服务。Web服务器使用的是HTTP或HTTPS协议。而要搭建网页服务器，常见的软件包括Windows中的IIS，以及Linux中比较有名的Apache。

1. Apache 简介

　　Apache（阿帕奇）是使用量排名第一的Web服务器软件，如图7-33所示。它可以运行在绝大多数主流的计算机平台上，是最流行的Web服务器端软件之一。它快速、可靠，并且可以通过简单的API扩充，将Perl、Python等解释器编译到服务器中。目前版本是Apache 2.4，可以到官网下载。

图 7-33

2. 安装 Apache

　　Apache默认也没有集成在系统中，需要单独进行安装，使用的命令为"sudo apt install apache2"，执行效果如下。

```
wlysy001@vmubuntu:~$ sudo apt install apache2 -y
[sudo] wlysy001 的密码：
```

正在读取软件包列表 ... 完成

正在分析软件包的依赖关系树 ... 完成

正在读取状态信息 ... 完成

下列软件包是自动安装的并且现在不需要了：

libllvm13

使用 'sudo apt autoremove' 来卸载它 (它们)

将会同时安装下列软件：

apache2-bin apache2-data apache2-utils libapr1 libaprutil1

libaprutil1-dbd-sqlite3 libaprutil1-ldap

……

正在处理用于 ufw (0.36.1-4build1) 的触发器 ...

正在处理用于 man-db (2.10.2-1) 的触发器 ...

正在处理用于 libc-bin (2.35-0ubuntu3.1) 的触发器 ...

安装完毕后，在局域网的其他计算机中，可以通过浏览器和Web服务器的IP地址访问，如图7-34所示。

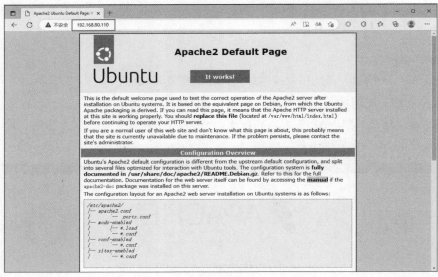

图 7-34

3. 配置文件说明

Ubuntu的Apache2默认配置与其他服务的配置不同，并拆分为多个文件，优化了与Ubuntu工具的交互。配置系统完整记录在/usr/share/doc/apache2/README.Debian.gz中。相关完整文档请参阅此内容。如果在此服务器上安装了apache2-doc软件包，则可以通过访问手册找到Web服务器本身的文档。

● Apache的网页文件主目录在/var/www/html/中，存放了上面查看的测试网页文件 index.html。

- apache2.conf是主要的配置文件。在启动Web服务器时，通过包含所有剩余的配置文件将这些部分放在一起。
- ports.conf始终包含在主配置文件中。用于确定传入连接的侦听端口，并且可以随时自定义此文件。
- mods-enabled、conf-enabled和ites-enabled目录中的配置文件包含特定的配置片段，这些片段分别管理模块、全局配置片段或虚拟主机配置。
- 可以通过使用助手a2enmod、a2dismod、a2ensite、a2dissite、a2enconf和a2disconf来管理。有关详细信息，请参阅其各自的手册页。
- Apache服务使用systemd进行管理，因此要启动/停止服务，使用命令"systemctl start apache2"或"systemctl stop apache2"，并且使用"systemctl status apache2"和"journalctl -u apache2"命令检查服务状态。
- 默认情况下，Ubuntu 不允许通过Web浏览器访问位于/var/www、public_html目录（启用时）和/usr/share（用于Web应用程序）中的文件之外的任何文件。如果用户的站点正在使用位于其他位置的Web文档根目录（例如/srv中），可能需要在/etc/apache2/apache2.conf中将用户的文档根目录列入白名单。
- 默认的Ubuntu文档根目录是/var/www/html。可以在/var/www下创建自己的虚拟主机。

动手练 配置虚拟主机

虚拟主机常用于在一个单独的IP地址上提供多个域名的网站服务。如果想在单个VPS的单个IP地址运行多个网站，这是非常有用的。下面以新建一个虚拟主机为例介绍虚拟主机的配置。

（1）创建虚拟目录和主页文件

在/var/www中，再创建一个目录作为新站点的目录，使用命令"sudo mkdir /var/www/test"在test中创建index.html文件，使用命令"sudo vim /var/www/test/index.html"在文档中写入内容，执行效果如下。

```
<html>
<head>
<title>MyTestWeb</title>              // 网页标题内容
</head>
<body>
<h1>Hello World</h1>                  // 网页正文内容
</body>
</html>
```

保存并退出后，完成创建。

（2）编写配置文件

首先进入到/etc/apache2/sites-available中，将000-default.conf复制并改名为web.conf，使用命令为"sudo cp 000-default.conf web.conf"，对web.conf文件进行编辑、修改并添加本站点的主目录DocumentRoot /var/www/test即可，然后保存并退出。

（3）关闭默认站点

关闭系统默认的站点，执行效果如下。

```
wlysy001@vmubuntu:~$ cd /etc/apache2/sites-available/
wlysy001@vmubuntu:/etc/apache2/sites-available$ sudo a2dissite 000-default.conf
// 冻结自带的站点配置
Site 000-default disabled.
To activate the new configuration, you need to run:
  systemctl reload apache2
```

（4）注册新站点

将刚才的test.conf文件注册到Apache中，执行效果如下。

```
wlysy001@vmubuntu:/etc/apache2/sites-available$ sudo a2ensite web.conf
// 注册激活新的站点配置
Enabling site test.
To activate the new configuration, you need to run:
  systemctl reload apache2
```

（5）重新启动服务

可以使用前面介绍的命令，也可以使用以前默认的"sudo service apache2 restart"命令进行重启操作。

（6）验证效果

在局域网中的其他设备上打开浏览器，使用IP地址访问Apache主机，如果显示内容如图7-35所示，则虚拟主机生效。

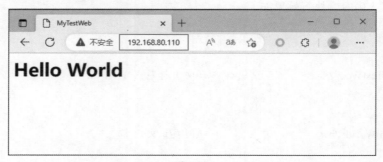

图 7-35

技能延伸：PHP环境安装

PHP即超文本预处理器（Hypertext Preprocessor），是在服务器端执行的脚本语言，尤其适用于Web开发，并可嵌入HTML中。PHP同时支持面向对象和面向过程的开发，使用非常灵活，最新版为PHP 8.1，安装过程如下。

```
wlysy001@vmubuntu:~$ sudo apt install apache2
正在读取软件包列表 ... 完成
正在分析软件包的依赖关系树 ... 完成
正在读取状态信息 ... 完成
将会同时安装下列软件：
 apache2-bin apache2-data apache2-utils libapr1 libaprutil1
 libaprutil1-dbd-sqlite3 libaprutil1-ldap
建议安装：
 apache2-doc apache2-suexec-pristine | apache2-suexec-custom www-browser
下列【新】软件包将被安装：
 apache2 apache2-bin apache2-data apache2-utils libapr1 libaprutil1
 libaprutil1-dbd-sqlite3 libaprutil1-ldap
……
正在设置 php8.1 (8.1.2-1ubuntu2.4) ...
正在处理用于 man-db (2.10.2-1) 的触发器 ...
正在处理用于 php8.1-cli (8.1.2-1ubuntu2.4) 的触发器 ...
正在处理用于 libapache2-mod-php8.1 (8.1.2-1ubuntu2.4) 的触发器 ...
```

接下来安装PHP的模块libapache2-mod-php，执行结果如下。

```
wlysy001@vmubuntu:/var/www/html$sudo apt install libapache2-mod-phpp
正在读取软件包列表 ... 完成
正在分析软件包的依赖关系树 ... 完成
正在读取状态信息 ... 完成
下列【新】软件包将被安装：
 libapache2-mod-php
升级了 0 个软件包，新安装了 1 个软件包，要卸载 0 个软件包，有 17 个软件包未被升级
……
正在设置 libapache2-mod-php (2:8.1+92ubuntu1)
```

安装完毕后，在/var/www/html中，新建一个测试文件test.php，输入"<?php phpinfo();?>"，保存并退出后，使用浏览器访问该文件"IP地址/test.php"，如果出现了测试画面，说明PHP安装成功，模块也正常工作，如图7-36所示。

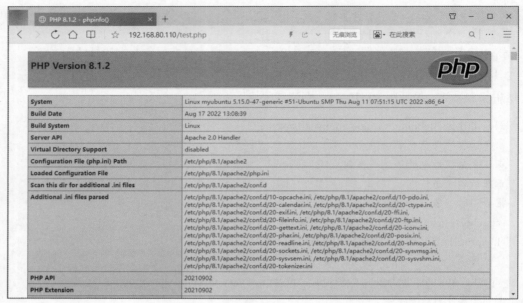

图 7-36

第8章
安全管理

Linux的安全性相较于Windows系统还是较高的。Linux的安全性由多个要素组成，如操作系统安全、文件系统安全、进程安全以及网络安全等。本章着重介绍Linux系统及安全管理的一些常见手段，包括进程管理、系统资源使用状态监控、日志的查看、计划任务及服务的管理、安全工具的使用等内容。

重点难点

- 进程的管理
- 系统资源的监管
- 日志的查看
- 服务的管理
- 杀毒工具的使用
- 防火墙的使用

在操作系统中，进程都是必不可少的。通过进程可以判断系统的健康状态，以及是否有异常的程序等。下面介绍Linux进程的相关知识和管理操作。

8.1.1 进程简介

进程（Process）是正在执行的一个程序或命令，是计算机中的程序在某数据集合上的一次运行活动，是系统进行资源分配和调度的基本单位，是操作系统结构的基础。每一个进程都有一个运行的实体，都有自己的地址空间，并占用一部分系统资源，包括CPU、内存、磁盘和网络。在早期面向进程设计的计算机结构中，进程是程序的基本执行实体；在面向线程设计的计算机结构中，进程是线程的容器。程序是指令、数据及其组织形式的描述，进程是程序的实体。

1. 进程的特征

系统进程有以下主要的特征。

- **动态性**：进程的实质是程序在多道程序系统中的一次执行过程，进程是动态产生、动态消亡的。
- **并发性**：任何进程都可以同其他进程一起并发执行。
- **独立性**：进程是一个能独立运行的基本单位，同时也是系统分配资源和调度的独立单位。
- **异步性**：由于进程间的相互制约，使进程具有执行的间断性，即进程按各自独立的、不可预知的速度向前推进。
- **结构特征**：进程由程序、数据和进程控制块三部分组成。
- **多个不同的进程可以包含相同的程序**：一个程序在不同的数据集里构成不同的进程，能得到不同的结果，但是执行过程中，程序不能发生改变。

2. 进程的状态

运行中的进程具有以下三种基本状态。

（1）就绪状态

进程已获得除处理器外的所需资源，等待分配处理器资源，只要分配了处理器进程就可执行。就绪进程可以按多个优先级划分队列。例如，当一个进程由于时间片用完而进入就绪状态时，排入低优先级队列；当进程由I/O操作完成而进入就绪状态时，排入高优先级队列。

（2）运行状态

进程占用处理器资源，处于此状态的进程的数目小于等于处理器的数目。在没有其他进程可以执行时（如所有进程都在阻塞状态），通常会自动执行系统的空闲进程。

（3）阻塞状态

由于进程等待某种条件（如I/O操作或进程同步），在条件满足之前无法继续执行。该事件发生前即使把处理器资源分配给该进程，也无法运行。

3. 进程与程序的关系

程序是指令和数据的有序集合，其本身没有任何运行的含义，是一个静态的概念。而进程是程序在处理机上的一次执行过程，是一个动态的概念。

- 程序可以作为一种软件资料长期存在，而进程是有一定生命期的。程序是永久的，进程是暂时的。
- 进程更能真实地描述并发，而程序不能。
- 进程由进程控制块、程序段、数据段三部分组成。
- 进程具有创建其他进程的功能，而程序没有。
- 同一程序同时运行于若干个数据集合上，它将属于若干个不同的进程，即同一程序可以对应多个进程。
- 在传统的操作系统中，程序并不能独立运行，资源分配和独立运行的基本单元都是进程。

8.1.2　进程的管理

可以通过查看所有系统中的进程判断系统的健康状态，如果发现异常，可以随时结束可疑进程。进程的管理手段包括查看、启动、结束和挂起等操作。下面介绍具体的操作步骤。

1. 查看进程

查看当前系统中的进程，可以使用ps命令，该命令的用法如下。

【语法】

ps [选项]

【选项】

-A：显示所有进程。

c：列出程序时，显示每个程序真正的指令名称，而不包含路径、参数或常驻服务的标识。

-e：此参数的效果和指定A参数相同。

e：列出程序时，显示每个程序所使用的环境变量。

-H：显示树状结构，表示程序间的相互关系。

-N：显示所有的程序，除了执行ps指令终端机下的程序。

s：采用程序信号的格式显示程序状况。

S：列出程序时，包括已中断的子程序资料。

u：以用户为主的格式显示程序状况。

x：显示所有程序，不以终端机来区分。

动手练 查看当前系统中的进程信息

最为常见的操作，可以使用选项组合"-aux"，执行效果如图8-1所示。

```
[+]                        wlysy001@vmubuntu: ~            Q  ≡  _  □  ×

wlysy001@vmubuntu: $ ps -aux
USER        PID %CPU %MEM    VSZ   RSS TTY      STAT START   TIME COMMAND
root          1  0.0  0.1 166772 11768 ?        Ss   08:23   0:01 /sbin/init sp
root          2  0.0  0.0      0     0 ?        S    08:23   0:00 [kthreadd]
root          3  0.0  0.0      0     0 ?        I<   08:23   0:00 [rcu_gp]
root          4  0.0  0.0      0     0 ?        I<   08:23   0:00 [rcu_par_gp]
root          5  0.0  0.0      0     0 ?        I<   08:23   0:00 [slub_flushwq
root          6  0.0  0.0      0     0 ?        I<   08:23   0:00 [netns]
root          8  0.0  0.0      0     0 ?        I<   08:23   0:00 [kworker/0:0H
root         10  0.0  0.0      0     0 ?        I<   08:23   0:00 [mm_percpu_wq
root         11  0.0  0.0      0     0 ?        S    08:23   0:00 [rcu_tasks_ru
root         12  0.0  0.0      0     0 ?        S    08:23   0:00 [rcu_tasks_tr
root         13  0.0  0.0      0     0 ?        S    08:23   0:00 [ksoftirqd/0]
```

图 8-1

其中各列的含义如下。

USER：进程的所有者。

PID：进程号。

%CPU：占用CPU时间与进程总运行时间之比。

%MEM：占用内存与总内存之比。

VSZ: 占用的虚拟内存大小，单位为KB。

RSS: 占用的实际内存的大小，以KB为单位。

TTY: 进程对应的终端，"?"表示该进程不占用终端。

STAT: 该进程的状态。

START: 进程开始时间。

TIME: 进程累计执行的时间。

COMMAND：所执行的指令。

知识拓展

STAT列的状态信息

D: 不可中断睡眠状态；R: 正在执行中；S: 睡眠状态；T: 暂停执行；Z: 不存在但暂时无法消除；W: 没有足够的内存可分配；<: 高优先级的行程；N: 低优先级的行程。

2. 启动进程

在系统中启动一个程序或者使用一个命令后，系统会按照参数为其开启一个或多个进程。在进程的启动中，分为前台启动和后台启动两种。下面介绍在终端窗口中如何启动进程。

（1）前台启动

前台启动是直接执行命令，如"sudo vim /etc/resolve"。

（2）后台启动

后台启动程序，只要在命令结尾加上"&"符号，如"sudo vim /etc/resolve&"。执行后不会进入编辑界面，而是提示在后台运行，并显示其进程号，如图8-2所示。

图 8-2

前台运行的进程一般是正在交互的程序，同一时刻，只能有一个进程在前台运行。通常情况下，可以让一些运行时间长，而且不接收终端输入的程序以后台方式运行，让操作系统调度它的执行。

3. 调整进程优先级

每个进程都有其特定优先级，计算机在工作时，系统会根据进程优先级分配资源。不仅如此，由于进程优先级的存在，进程并不是依次运算的，而是哪个进程的优先级高，哪个进程会在一次运算循环中被更多次运算。如先运算进程1，再运算进程2，接下来运算进程3，然后再运算进程1，直到进程任务结束。

在Ubuntu中，可以通过"ps -l"命令查看系统中进程的优先级，其执行效果如图8-3所示。

```
wlysy001@vmubuntu: $ ps -l
F S   UID    PID    PPID  C  PRI  NI ADDR SZ WCHAN  TTY          TIME CMD
0 S  1000   4104    3356  0   80   0 -  5018 do_wai pts/2    00:00:00 bash
0 T  1000   5034    4104  0   80   0 - 18299 do_sig pts/2    00:00:00 vim
0 T  1000   5076    4104  0   80   0 - 18319 do_sig pts/2    00:00:00 vim
0 R  1000   5080    4104  0   80   0 -  5335 -      pts/2    00:00:00 ps
wlysy001@vmubuntu: $
```

图 8-3

其中PRI列代表进程的实际优先级，实际优先级越低会越被提前执行。NI列代表请求优先级，会影响实际优先级。在Ubuntu中，启动某命令并设置其优先级，使用的命令是nice，下面介绍该命令的使用方法：

【语法】

nice [选项] 命令

【选项】

-n：指定进程的优先级，范围为-20～19，n越小请求优先级越高。默认为10。

注意事项 优先级的调整

NI的范围是-20～19，普通用户调整NI值的范围是0～19，而且只能调整自己的进程。普通用户只能调高NI值，而不能降低。如原本NI值为0，则只能调整为大于0。只有root用户才能设定进程NI的值为负值，而且可以调整任何用户的进程。

动手练 调整进程优先级

启动一个新的进程vi，并调整其优先级，设置实际优先级为85，则需要使用nice命令为其增加5，执行结果如图8-4所示。

```
                      wlysy001@vmubuntu: ~              Q   ☰   _  □  ×

wlysy001@vmubuntu: $ nice -n 5 vi /etc/resolv.conf&
[16] 5256
wlysy001@vmubuntu: $ ps -l
F S   UID    PID   PPID  C PRI  NI ADDR SZ WCHAN  TTY          TIME CMD
0 S   1000   4104  3356  0  80   0  -  5179 do_wai pts/2    00:00:00 bash
0 T   1000   5034  4104  0  80   0  - 18299 do_sig pts/2    00:00:00 vim
0 T   1000   5076  4104  0  80   0  - 18319 do_sig pts/2    00:00:00 vim
0 T   1000   5256  4104  0  85   5  - 18264 do_sig pts/2    00:00:00 vi
0 R   1000   5257  4104  0  80   0  -  5335 -      pts/2    00:00:00 ps
```

图 8-4

如果要在进程执行时改变优先级，则需要使用renice命令，该命令的用法如下。

【语法】

renice [选项][对象]

【选项】

+/- n：调整进程优先级。

【对象】

-g：命令名。

-p：进程识别号。

-u：进程所有者。

根据进程号修改vi进程的优先级为95，通过"ps -l"命令查看进程的PID号后可以进行调整，执行效果如图8-5所示。

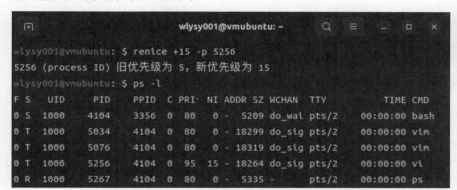

图 8-5

注意事项 **renice的优先级**

此时计算优先级时，仍然以默认的PRI值为基础，而不是以该进程的实际PRI值为基础，如本例中，应以80为基础+15，而不能以图8-4中的85为基础。

4. 挂起与激活进程

进程在终端窗口的执行过程中，可以使用Ctrl+Z组合键将该进程挂起，转到后台后，会处于暂停状态，在合适的时机再将其激活，恢复执行状态。激活进程可以使用fg命令或者bg命令，下面介绍这两个命令的使用方法。

（1）fg命令

fg命令可以将挂起的进程激活并转移到前台继续执行，例如执行编辑命令vim的挂起及激活过程如下。

```
wlysy001@vmubuntu:~$ ps
  PID TTY          TIME CMD
 7040 pts/12   00:00:00 bash
 7122 pts/12   00:00:00 ps
wlysy001@vmubuntu:~$ vim /etc/resolv.conf
[1]+ 已停止              vim /etc/resolv.conf
// 编辑过程中，使用 Ctrl+Z 组合键将其挂起到后台
wlysy001@vmubuntu:~$ ps
  PID TTY          TIME CMD
 7040 pts/12   00:00:00 bash
 7200 pts/12   00:00:00 vim
 7214 pts/12   00:00:00 ps
```

```
wlysy001@vmubuntu:~$ fg
vim /etc/resolv.conf              // 恢复到前台并继续执行该命令
```

每个进程对应一个任务号，如果有多个挂起的进程，可以通过命令jobs显示挂起的任务及任务号，通过"fg 任务号"的格式激活任务，执行的效果如下。

```
wlysy001@vmubuntu:~$ sudo vim 123.txt
[1]+ 已停止            sudo vim 123.txt // 创建第一个任务并挂起
wlysy001@vmubuntu:~$ sudo vim /etc/resolv.conf
[2]+ 已停止            sudo vim /etc/resolv.conf// 创建并挂起另一个
wlysy001@vmubuntu:~$ jobs                 // 显示任务及任务号
[1]- 已停止            sudo vim 123.txt
[2]+ 已停止            sudo vim /etc/resolv.conf
wlysy001@vmubuntu:~$ fg 1                  // 恢复任务1
sudo vim 123.txt
[1]+ 已停止            sudo vim 123.txt    // 挂起
wlysy001@vmubuntu:~$ fg 2                  // 恢复任务2
sudo vim /etc/resolv.conf
[2]+ 已停止            sudo vim /etc/resolv.conf  // 挂起
```

知识拓展

符号的含义

在任务号后有"+"或"−"的符号，其中，"+"代表最后被切换到后台的进程，使用fg默认切换到前台的就是该进程。"−"代表倒数第二个被切换到后台的程序。"+""−"号随着进程增加或减少随时变化。

（2）bg命令

bg命令可以激活被挂起的进程，使其在后台运行，执行效果如下。

```
wlysy001@vmubuntu:~$ jobs
[1]- 已停止            sudo vim 123.txt
[2]+ 已停止             sudo vim /etc/resolv.conf
wlysy001@vmubuntu:~$ bg 2
[2]+ sudo vim /etc/resolv.conf &
```

5. 终止进程

终止进程是管理员协调系统资源利用率的有效手段。如果某个进程发生僵死、占用大量CPU、内存资源时，可以通过终止进程将其关闭，释放资源。终止的方法有两种。

（1）使用快捷键终止

可以使用Ctrl+C组合键终止一个前台执行的进程。如果有需要终止的后台进程，可以将其调入前台，再使用Ctrl+C组合键来终止该进程。

（2）使用命令终止

可以使用kill命令终止某个进程，其会向一个进程发送特定信号，从而使进程根据该信号执行特定操作。信号可以使用信号名或者信号码表示。可以使用"kill -l"命令来查看其可以发送的所有信号，如图8-6所示。该命令的用法如下。

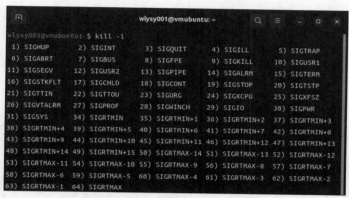

图 8-6

【语法】

kill [选项（信号）] 进程号

【选项】

-9：结束进程，其信号名为SIGKILL，用于强行终止某个进程的执行。

动手练 结束进程

先创建一个vi后台进程，查看其进程号后再结束该进程，执行效果如下。

```
wlysy001@vmubuntu:~$ vi 123.txt&
[1] 7390
wlysy001@vmubuntu:~$ sudo kill -9 7390
[sudo] wlysy001 的密码：
[1]+ 已杀死              vi 123.txt
wlysy001@vmubuntu:~$ ps
  PID TTY        TIME CMD
 7040 pts/12  00:00:00 bash
 7395 pts/12  00:00:00 ps
```

系统监控包括进程的监控、资源使用情况的监控、日志的查看、计划任务的管理以及各种服务管理等。系统监控主要是为了保证系统在健康、高效的模式下运行。

8.2.1 监控进程

在前面介绍了进程的查看方法，是某个时刻的进程信息，如果要实时监控进程，了解进程的运行、结束、僵死以及资源占用情况等，可以使用命令top。通过该命令可以监控系统中主要的资源（CPU、内存等）的利用率，并定期进行刷新。默认根据进程的CPU使用率进行排序，类似于Windows的任务管理器。该命令是一个交互式的命令，可以使用按键显示所需的内容。

在终端窗口中，直接使用top命令，即可进入进程信息界面，如图8-7所示。

```
                              wlysy001@vmubuntu: ~

top - 15:33:41 up  7:10, 12 users,  load average: 0.00, 0.00, 0.00
任务: 347 total,   2 running, 334 sleeping,  11 stopped,   0 zombie
%Cpu(s):  0.0 us,  2.6 sy,  0.0 ni, 94.7 id,  0.0 wa,  0.0 hi,  2.6 si,  0.0 st
MiB Mem :  5899.8 total,  2400.8 free,  1317.6 used,   2181.4 buff/cache
MiB Swap:  2048.0 total,  2048.0 free,     0.0 used.   4276.8 avail Mem

进程号 USER      PR  NI    VIRT    RES    SHR   %CPU  %MEM     TIME+ COMMAND
  6169 wlysy001  20   0 4409716 270048 134040 R  10.0   4.5   0:07.63 gnome-shell
     1 root      20   0  166772  11780   8136 S   0.0   0.2   0:01.88 systemd
     2 root      20   0       0      0      0 S   0.0   0.0   0:00.02 kthreadd
     3 root       0 -20       0      0      0 I   0.0   0.0   0:00.00 rcu_gp
     4 root       0 -20       0      0      0 I   0.0   0.0   0:00.00 rcu_par_gp
     5 root       0 -20       0      0      0 I   0.0   0.0   0:00.00 slub_flushwq
     6 root       0 -20       0      0      0 I   0.0   0.0   0:00.00 netns
     8 root       0 -20       0      0      0 I   0.0   0.0   0:00.00 kworker/0:0H-events_+
    10 root       0 -20       0      0      0 I   0.0   0.0   0:00.00 mm_percpu_wq
    11 root      20   0       0      0      0 S   0.0   0.0   0:00.00 rcu_tasks_rude_
    12 root      20   0       0      0      0 S   0.0   0.0   0:00.00 rcu_tasks_trace
    13 root      20   0       0      0      0 S   0.0   0.0   0:00.05 ksoftirqd/0
```

图 8-7

其中关键字段的含义如下。

（1）第一行：系统状态信息

第一行内容包括系统的当前时间、已经运行的时间、当前登录的用户数量、平均负载值（1分钟、5分钟、15分钟）。

（2）第二行：进程状态信息

第二行内容包括系统进程总数量、处于运行状态的进程数量、处于休眠的进程数、处于暂停状态的进程数、处于僵死状态的进程数。

（3）第三行：各类进程占用CPU时间的百分比

（4）第四行：内存使用情况统计

第四行内容包括总内存、空闲内存、已用内存以及缓存的大小。

（5）第五行：交换空间的统计信息

第五行内容包括交换区总容量、可用容量、已用容量以及缓存交换空间的大小。

（6）第六行及以后：进程的项目标题行和详细信息

第六行及以后各列的含义如下。

- **进程号：**进程的PID号。
- **USER：**进程所有者。
- **PR：**进程优先级。
- **NI：**nice值。负值表示高优先级，正值表示低优先级。
- **VIRT：**进程使用的虚拟内存总量，单位为KB。
- **RES：**进程使用的、未被换出的物理内存大小，单位KB。
- **SHR：**共享内存大小，单位为KB。
- **S：**进程状态。D为不可中断的睡眠状态、R为运行、S为睡眠、T为跟踪/停止、Z为僵尸进程。
- **%CPU：**上次更新到现在的CPU时间占用百分比。
- **%MEM：**进程使用的物理内存百分比。
- **TIME+：**进程使用的CPU时间总计，单位为1/100s。
- **COMMAND：**进程名称（命令名/命令行）。

知识拓展

交互按键

在查看过程中，使用键盘按键可以执行各种操作，主要的按键及作用如下。

h：显示帮助画面，给出一些简短的命令总结说明。

k：终止一个进程。

i：忽略闲置和僵死进程，这是一个开关式命令。

q：退出程序。

r：重新安排一个进程的优先级别。

S：切换到累计模式。

s：改变两次刷新之间的延迟时间（单位为秒），如果有小数，就换算成毫秒。输入0值则系统将不断刷新，默认值是5秒。

f或者F：从当前显示中添加或者删除项目。

o或者O：改变显示项目的顺序。

l：切换显示平均负载和启动时间信息。

m：切换显示内存信息。

t：切换显示进程和CPU状态信息。

c：切换显示命令名称和完整命令行。

M：根据驻留内存大小进行排序。

P：根据CPU使用百分比大小进行排序。

T：根据时间/累计时间进行排序。

W：将当前设置写入~/.toprc文件中，这是修改top配置文件的推荐方法。

8.2.2　监控系统资源

监控系统资源的使用情况，迅速掌握系统中硬件的使用情况，对于系统管理员来说是必不可少的技能。

1. 使用命令查看系统资源

使用命令查看系统资源一般是在终端窗口或虚拟控制台中使用。可以使用命令free查看内存的使用情况，如图8-8所示。可以从中查看到系统物理内存的总大小、使用情况、剩余情况、共享内存、缓存以及高速缓存的使用情况等。

图 8-8

查看存储的使用情况以及挂载情况，可以使用命令df，并使用"-h"选项，如图8-9所示。

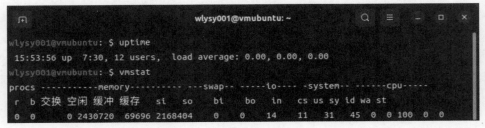

图 8-9

如果要查看系统负载情况，可以使用命令uptime或vmstat，如图8-10所示。

图 8-10

uptime命令可以看到系统的当前时间、运行时间、用户数量和平均负载等信息。vmstat显示的信息更多，更加丰富。

2. 图形环境查看系统资源

Ubuntu在图形界面中提供了系统监视器，可以方便地了解系统的性能和使用状况，用户可以在"所有程序"界面找到并启动系统监视器，在"进程"选项组中可以查看当前系统中运行的进程，以及进程的信息，可以在此停止进程，如图8-11所示。

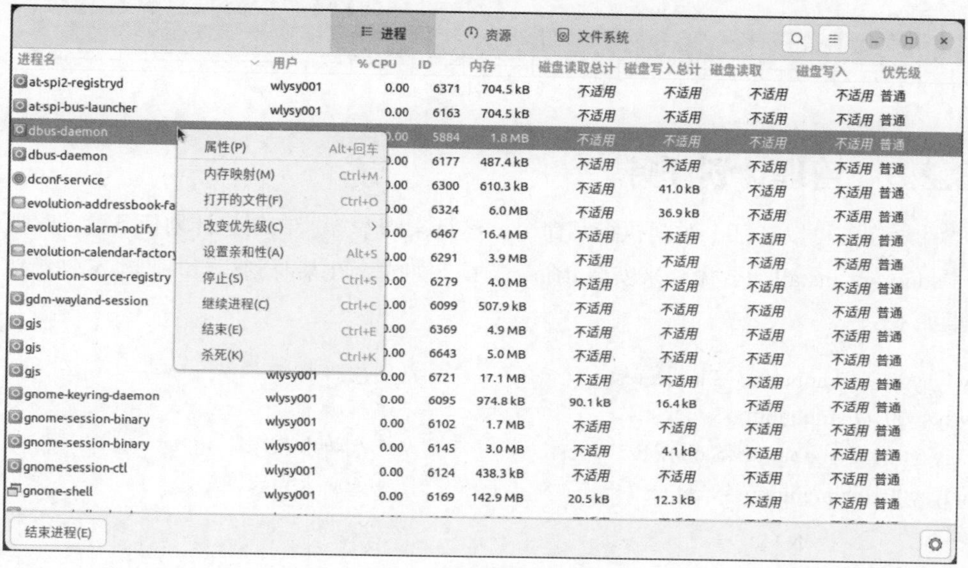

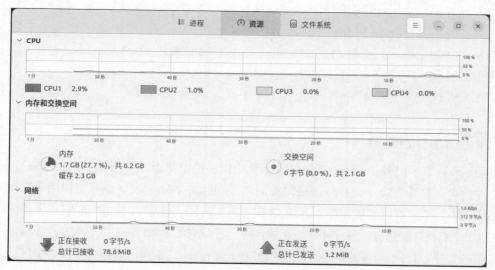

图 8-11

在"资源"选项组中可以查看当前的CPU使用率、内存使用情况、网络的使用情况，如图8-12所示。

图 8-12

在"文件系统"选项卡中可以查看当前系统硬盘的使用情况，相对于"磁盘"管理程序来说，更偏重于监控，功能较少，但更加直观，如图8-13所示。

图 8-13

8.2.3　管理计划任务

计划任务可以在某个时间执行某命令、运行某脚本等。在创建计划任务前，需要使用 "sudo apt install at" 命令来安装at命令工具。如规定在某时刻运行某脚本文件，执行效果如下。

```
wlysy001@vmubuntu:~$ touch test              // 创建脚本
wlysy001@vmubuntu:~$ vi test                 // 编辑脚本
wlysy001@vmubuntu:~$ chmod 777 test          // 修改脚本权限
wlysy001@vmubuntu:~$ cat test                // 查看脚本内容
cd ~
touch 123.txt
wlysy001@vmubuntu:~$ at -f test 20:30        // 在 20:30 执行脚本
warning: commands will be executed using /bin/sh
job 1 at Tue Feb  7 20:30:00 2023
wlysy001@vmubuntu:~$ at -l                    // 查看计划任务
1      Tue Feb  7 20:30:00 2023 a wlysy001
wlysy001@vmubuntu:~$ at -d 1                  // 删除某计划任务
wlysy001@vmubuntu:~$ at -l
wlysy001@vmubuntu:~$                          // 已成功删除
```

动手练　管理服务

服务（Service）是常驻系统中提供特定功能的应用程序（daemon），一般认为Service和deamon是相同的。init是UNIX和类UNIX系统中用来产生其他所有进程的程序。init的进程号为1，systemd是Ubuntu中负责init工作的一套程序，提供守护进程、程序库和应用软件等。目前绝大多数Linux发行版都采用systemd代替init程序。systemd将deamon统称为服务单元（unit），不同的服务单元按功能区分为不同类型。常见的基本类型包括系统服务、数据监听、socket、存储系统等类型。

systemctl是systemd的主命令，可以使用该命令查看系统的各种服务信息。可以使用 "systemctl list-units" 命令列出当前系统中正在运行的服务，执行效果如图8-14所示。

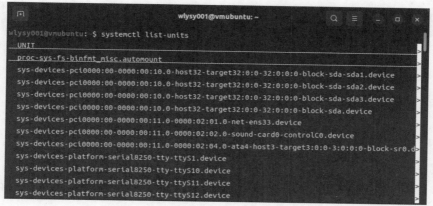

图 8-14

使用"systemctl list-unit-files"命令列出服务文件，执行效果如图8-15所示。

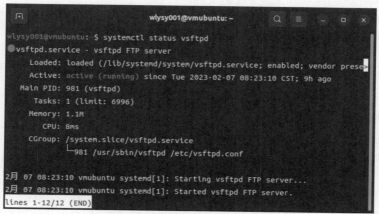

图 8-15

如果还需要列出某个服务的状态，可以使用命令"systemctl status 服务名"，执行效果如图8-16所示。

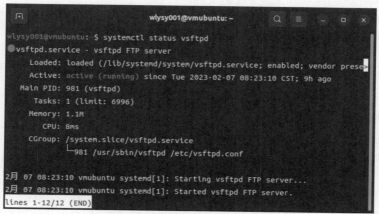

图 8-16

在日常使用Windows时，经常会受到病毒、木马等恶意程序的威胁，会使用各种防毒、杀毒工具进行抵御。虽然Linux安全性较高，但也不能忽视安全问题，所以很多用户会使用ClamAV来保护系统。

8.3.1 ClamAV简介

ClamAV是Linux平台最受欢迎的杀毒软件之一，ClamAV属于免费开源产品，支持多种平台，如Linux、UNIX、macOS、Windows、OpenVMS。ClamAV是基于病毒扫描的命令行工具，但同时也有支持图形界面的ClamTK工具。

该工具的所有操作都通过命令行来执行，高性能扫描实际是可以很好利用CPU资源的多线程扫描工具。ClamAV可以扫描多种文件格式，还可扫描压缩包中的文件，其支持多种签名语言，甚至还可以作为邮件网关的扫描器使用。

8.3.2 安装与更新

ClamAV默认并没有集成在系统中，如果要使用，需要先进行安装，安装完毕后，需要更新其病毒库及病毒样本特征，才能扫描出最新的一些病毒。可以像安装软件一样安装ClamAV，执行效果如下。

```
wlysy001@vmubuntu:~$ sudo apt install clamav
[sudo] wlysy001 的密码：
正在读取软件包列表 ... 完成
正在分析软件包的依赖关系树 ... 完成
正在读取状态信息 ... 完成
……
正在设置 clamav (0.103.6+dfsg-0ubuntu0.22.04.1) ...
正在处理用于 man-db (2.10.2-1) 的触发器 ...
正在处理用于 libc-bin (2.35-0ubuntu3.1) 的触发器 ...
```

安装完毕后就可以升级病毒库。在升级病毒库前，需要先关闭ClamAV的服务，然后才能升级，执行效果如下。

```
wlysy001@vmubuntu:~$ sudo service clamav-freshclam stop // 关闭服务
wlysy001@vmubuntu:~$ sudo freshclam              // 执行升级
Wed Feb  8 09:42:41 2023 -> ClamAV update process started at Wed Feb  8 09:42:41 2023
```

```
Wed Feb  8 09:42:41 2023 -> ^Your ClamAV installation is OUTDATED!
Wed Feb  8 09:42:41 2023 -> ^Local version: 0.103.6 Recommended version: 0.103.7
Wed Feb  8 09:42:41 2023 -> DON'T PANIC! Read https://docs.clamav.net/manual/Installing.html
Wed Feb  8 09:42:41 2023 -> daily.cvd database is up-to-date (version: 26805, sigs: 2019873, f-level: 90, builder: raynman)
Wed Feb  8 09:42:41 2023 -> main.cvd database is up-to-date (version: 62, sigs: 6647427, f-level: 90, builder: sigmgr)
Wed Feb  8 09:42:41 2023 -> bytecode.cvd database is up-to-date (version: 333, sigs: 92, f-level: 63, builder: awillia2)
wlysy001@vmubuntu:~$ sudo service clamav-freshclam start    // 启动服务
```

动手练 查杀病毒 ————————————————————————————

对指定目录进行查杀，执行效果如下，如果要对指定目录及其下级目录进行查杀，则需要使用 "-r" 选项。

```
wlysy001@vmubuntu:~$ clamscan /home/wlysy001/        // 指定查杀目录
/home/wlysy001/.viminfo: OK
/home/wlysy001/test: OK
/home/wlysy001/.bashrc: OK
……
----------- SCAN SUMMARY -----------            // 查杀报告
Known viruses: 8651808
Engine version: 0.103.6
Scanned directories: 1
Scanned files: 7
```

除了针对目录外，还可以针对某文件进行查杀，如果需要在查出病毒后删除该文件，则需要加上 "--remove" 选项，执行效果如下。

```
wlysy001@vmubuntu:~$ clamscan --remove test
/home/wlysy001/test: OK
----------- SCAN SUMMARY -----------
Known viruses: 8651808
Engine version: 0.103.6
Scanned directories: 0
Scanned files: 1
```

8.4　防火墙的使用

防火墙（Firewall）技术是通过有机结合各类用于安全管理与筛选的软件和硬件设备，帮助计算机网络与其内、外网之间构建一道相对隔绝的保护屏障，以保护用户资料与信息安全的一种技术。

防火墙技术的功能主要在于及时发现并处理计算机网络运行时可能存在的安全风险、数据传输等问题，其处理措施包括隔离与保护，同时可对计算机网络安全当中的各项操作实时记录与检测，以确保计算机网络运行的安全性，保障用户资料与信息的完整性，为用户提供更好、更安全的计算机网络使用体验。

在Linux服务器中，使用iptables系统来实现防火墙的访问控制功能，下面介绍iptables的相关内容。

8.4.1　iptables简介

iptables是IP信息包过滤系统。有利于在Linux系统上更好地控制IP信息包过滤和防火墙配置。防火墙在做数据包过滤决定时，有一套遵循的规则，这些规则存储在专用的数据包过滤表中，而这些表集成在Linux内核中。在数据包过滤表中，规则被分组并放在所谓的链中。而iptables IP数据包过滤系统是一款功能强大的工具，可用于添加、编辑和移除规则。

iptables其实是多个表的容器，每个表里包含不同的链，链里边定义了不同的规则，通过定义不同的规则来控制数据包在防火墙的进出。

8.4.2　iptables命令

iptables系统有一整套网络安全防范规则，对于用户来说，使用iptables命令即可对规则进行修改。下面介绍该命令的使用方法。

【语法】

iptables [-t 表名] 命令选项 [链名] [条件匹配] [-j 目标动作或跳转]

表名、链名用于指定iptables的操作对象，命令选项用于指定iptables规则的方式，如插入、增加、删除、查看等。条件匹配用于指定对符合什么样条件的数据包进行处理。目标动作或跳转指定数据包的处理方式，包括允许通过、拒绝、丢弃、跳转给其他链处理等。

【选项】

-A：新增规则（追加方式）到某个规则链中，该规则将会成为规则链中的最后一条规则。

-D：从某个规则链中删除一条规则，可以输入完整规则，或直接指定规则编号来删除。

-R：取代现行规则，规则被取代后并不会改变顺序。

-I：插入一条规则，原本该位置上的规则将会往后移动一个顺位。

-L：列出某规则链中的所有规则。

-F：删除某规则链中的所有规则。

-Z：将封包计数器归零。

-N：定义新的规则链。

-X：删除某个规则链。

-P：定义过滤政策，也就是未符合过滤条件的封包、预设的处理方式。

-E：修改某自定规则链的名称。

【处理方式】

对于数据包来说，共有四种处理方式。

- ACCEPT：允许数据包通过。
- DROP：直接丢弃数据包，不给任何回应信息。
- REJECT：拒绝数据包通过，必要时会给数据发送一个响应的信息。
- LOG：针对特定的数据包，在/var/log/messages文件中记录日志信息，然后将数据包传递给下一条规则。

动手练 iptables使用

iptables有默认的基本规则以及用户创建的一些规则，下面以常见的设置为例，介绍iptables的实际使用方法。

1. 设置基本规则

基本规则是在不满足用户设置的规则的情况下，最终决定数据包的处理方式。配置过程如下。

```
wlysy001@vmubuntu:~$ sudo iptables -F INPUT        // 清空 INPUT 默认规则
[sudo] wlysy001 的密码：
wlysy001@vmubuntu:~$ sudo iptables -L            // 查看所有规则
Chain INPUT (policy ACCEPT)
target    prot opt source          destination
Chain FORWARD (policy ACCEPT)
target    prot opt source          destination
Chain OUTPUT (policy ACCEPT)
target    prot opt source          destination    // 默认允许
wlysy001@vmubuntu:~$ sudo iptables -P INPUT DROP
// 将 INPUT 默认规则改为丢弃
```

```
wlysy001@vmubuntu:~$ ping localhost
PING localhost (127.0.0.1) 56(84) bytes of data.
^C
--- localhost ping statistics ---
3 packets transmitted, 0 received, 100% packet loss, time 2027ms
// 通过测试发现已经全部被丢弃
wlysy001@vmubuntu:~$ sudo iptables -P FORWARD DROP
// 将转发默认规则也改为丢弃
wlysy001@vmubuntu:~$ sudo iptables -L
Chain INPUT (policy DROP)
target     prot opt source          destination        // 丢弃
Chain FORWARD (policy DROP)
target     prot opt source          destination        // 丢弃
Chain OUTPUT (policy ACCEPT)
target     prot opt source          destination
```

2. 添加自定义规则

默认规则配置完毕，就可以添加用户自定义的各种规则了。例如添加INPUT规则，让所有本地lo接口的ping包都通过，执行效果如下。

```
wlysy001@vmubuntu:~$ sudo iptables -A INPUT -i lo -p ALL -j ACCEPT
wlysy001@vmubuntu:~$ ping localhost
PING localhost (127.0.0.1) 56(84) bytes of data.
64 bytes from localhost (127.0.0.1): icmp_seq=1 ttl=64 time=0.015 ms
64 bytes from localhost (127.0.0.1): icmp_seq=2 ttl=64 time=0.054 ms
……
^C
--- localhost ping statistics ---
8 packets transmitted, 8 received, 0% packet loss, time 7162ms
rtt min/avg/max/mdev = 0.015/0.029/0.054/0.011 ms
```

要在所有网卡上打开ping功能，可以使用"-p"选项，指定协议ICMP，使用"--icmp-type"参数指定ICMP代码类型为8，完整的命令为"sudo iptables -A INPUT -i ens33 -p icmp --icmp-type 8 -j ACCEPT"。

如果要指定数据的来源，可以使用"-s"参数指定网段，完整的命令为"sudo iptables -A INPUT -i ens33 -s 192.168.80.0/24 -p tcp --dport 80 -j ACCEPT"。

可以通过命令将访问记录在LOG日志中，完整的命令为"sudo iptables -A INPUT -i ens33 -j LOG"。

配置完毕后，可以通过命令查看规则，执行效果如下。

```
wlysy001@vmubuntu:~$ sudo iptables -L --line-numbe
Chain INPUT (policy DROP)
num  target    prot opt source          destination
1    ACCEPT    all -- anywhere          anywhere
2    ACCEPT    icmp -- anywhere         anywhere  icmp echo-request
3    ACCEPT    tcp -- 192.168.80.0/24 anywhere  tcp dpt:http
4    LOG       all -- anywhere          anywhere  LOG level warning
Chain FORWARD (policy DROP)
num  target    prot opt source          destination
Chain OUTPUT (policy ACCEPT)
num  target    prot opt source          destination
```

规则的备份与还原

可以使用命令将规则导出为文件，进行备份，在出现故障或规则丢失后，可以将规则导入实现还原。

备份规则，可以使用"sudo iptables-save > save.txt"命令将规则导出为文档。

还原规则，可以使用"sudo iptables-restore < save.txt"命令将文件中的规则导回iptables。

技能延伸：查看系统日志

在Linux运行过程中产生的错误、故障、运行情况、详细信息等都会被记录在日志中，用户可以通过日志了解系统的运行状态，以便解决出现的故障等。常见的日志文件存储在/var/log目录中，如图8-17所示。

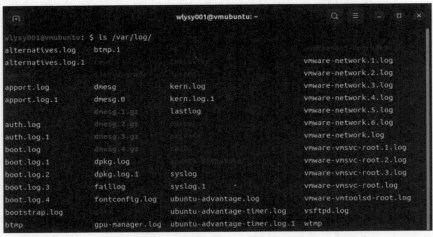

图 8-17

其中常见的系统自带日志及其功能如下。

- **alternatives.log**：更新替换信息。
- **apt**：安装卸载软件的信息目录。
- **auth.log**：登录认证日志。
- **boot.log**：系统启动信息日志。
- **btmp**：记录Linux登录失败的用户、时间以及远程IP地址。
- **cpus**：涉及所有打印信息的日志目录。
- **disk-upgrade**：记录该更新方式的信息目录。
- **demesg**：内核缓冲信息。
- **dpkg.log**：使用dpkg方式安装及卸载软件信息的日志。
- **faillog**：用户登录失败信息、错误登录命令。
- **fontconfig.log**：字体配置有关的日志文件。
- **kern.log**：记录内核产生的日志。
- **lastlog**：记录所有用户的最近信息。
- **syslog**：只记录警告信息，常常是系统出问题的信息。

可以通过命令或文件编辑器查看日志内容。

Ubuntu Linux操作系统标准教程（实战微课版）

命 令	功 能
uname -a	查看Linux版本号（包括内核）
lsb_release -a	查看发行版本号
ls	显示目录或文件信息
ll	查看目录或文件的详细信息
type 命令	查看命令的类型
help [内建命令]	查看内建命令的用法
参数 --help	查看命令帮助文档
man 命令	查看操作手册
history	查看历史命令
reboot	重启计算机
poweroff	关闭计算机
shutdown	关闭或重启计算机
halt	快速关闭计算机
apt update	按照软件源更新本地软件列表
apt upgrade	更新不存在依赖问题的所有软件
apt dist-upgrade	解决依赖更新的所有软件
apt clean	清理已安装过的软件包
apt autoclean	移除已安装的软件的旧版本软件包
apt install 软件名	使用软件源安装软件
apt remove 软件名	卸载软件
apt autoremove	自动卸载无用的关联软件
dpkg-i deb 软件包名	安装deb软件
dpkg-remove 软件名	卸载deb软件

命 令	功 能
pwd	查看当前所在路径
cd	切换目录
mkdir	创建目录
cp	复制目录或文件
mv	移动目录或文件
rmdir	删除空目录
rm	删除目录或文件
file	查看文件类型
touch	创建文件
cat	查看文档
more	高级文档查看
less	快速查看文档
head	查看文档开头部分
tail	查看文档结尾部分
which	查找命令
locate	从索引搜索文件或命令
find	直接在硬盘搜索文件
grep	筛选内容
vim/vi	编辑文档
gzip	压缩及解压gzip格式的压缩包
bzip2	压缩及解压bzip2格式的压缩包
rar	压缩及解压rar格式的压缩包
tar	归档压缩及加压解包
wc	统计文档内容

第8章　安全管理

命　令	功　　能	命　令	功　　能
useradd	新建用户	hostname -I	查看本机IP地址
adduser	使用交互方式创建用户	ip addr add	添加IP地址
id	查看用户信息	ip addr del	删除IP地址
passwd	为用户创建密码、锁定及解锁账户	ip route add	增加路由条目
usermod	修改用户属性信息	ip route del	删除路由条目
userdel	删除用户	systemctl	控制网络服务
groupadd	新建用户组	service	管理网络服务
groupdel	删除用户组	nmcli	配置及控制网络服务
gpasswd	组成员的添加与删除	a2dissite	关闭默认站点
sudo	临时提升为管理员权限	a2ensite	注册激活站点
su	切换用户	ps -aux	查看进程
chown	修改文件或目录的所属	ps -l	查看系统进程优先级
chgrp	修改文件或目录的所属组	nice	调整进程优先级
chmod	修改文件或目录的权限	renice	调整进程优先级
fdisk	查看磁盘信息及创建分区	fg	恢复挂起的进程
du	目录或文件的存储信息查看	bg	激活挂起的进程
mkfs	格式化分区	kill -9	终止进程
parted	查看硬盘信息	top	监控系统参数
df	挂载信息的查看	free	查看内存使用情况
mount	挂载分区	uptime	查看系统负载
umount	卸载分区	vmstat	查看系统负载
eject	移除设备	at	管理计划任务
ip addr show	查看本机IP地址	freshclam	升级ClamAV病毒特征库
nmcli	查看计算机的网络相关信息	clamscan	扫描病毒
ip route list	查看网关IP地址	iptables	设置防火墙规则